suncol r

好藝術，誰說了算

ART

李博文——著

suncolor
三采文化

| 作者序 |

藝術帶來無限的智慧

李博文

藝術在歐美先進國家已趨於飽和，尤其歐洲，經濟與藝術發展較早，到了 20 世紀後半已趨於成熟，人民普遍有接觸藝術的習慣，不計其數的美術館，藝術博覽會也很多，藝術品的買家不是少數資產較多的人，而是全民。另外，世界美術史的藝術家，也是以歐洲的藝術家為大宗。

藝術在台灣還在發展中，全球的華人都一樣，中國大陸、香港與新加坡亦在發展的階段。21 世紀，華人經濟走向穩定富足，人民開始參加藝術活動，生活進階至人文與藝術，但目前仍在起步中，還有相當大的成長空間，尤其是藝術的觀念、想法，其實與歐洲有相當大的落差。藝術的定義是什麼？美術史的作品與藝術家有哪些？在台灣，普遍的藝術知識與觀念還是初學，藝術的概念是模糊的。

　　此外，當他們面對天價藝術品時，總是特別感興趣，因為
這與商業投資有關，但其實還是一頭霧水，不太明白高價原
因，最後只能推給炒作行為了。因此，當藝術與投資綁在一
塊時，台灣人是最感興趣的，但在藝術觀念不成熟的情況下，
誤判情勢可說是經常發生。這也致使多數的藝術品提供者不太
需要藝術專業，只要擁有投資話術就可以。最後，藝術品的
買家得到了一堆作品後，仍然不懂藝術，更不用說要從中得
到最可貴的精神價值。

　　在整個華人地區，每年都有不少人想要開始買藝術品或參
與相關活動，但卻「無所適從」，這可說是現今藝術發展一個
很大的問題。這一本書主要是寫給現在與未來的人，他們可能
是學生，或一張白紙的成人，對藝術的想法尚未定形、可塑性
高，還沒被偏差想法給洗腦的人。

　　我寫了多年藝術相關文章，一開始只是發現周遭的人對藝
術沒有概念，或是觀念可能有誤，因此想要分享一些自我的觀
察，都是單純的肺腑之言。後來，我發現需要提出來討論或導

正的藝術觀念相當多，也很繁雜。一般人對美術史的作品認識
非常稀少，去歐美旅行時參觀美術館總是走馬看花，但對藝術
市場卻興致勃勃，這樣很有可能會掉入陷阱。因此，我不知不
覺就愈寫愈多，需要分享的事太多了，至今已有上千篇，去年
開始整理，最後揀選出 49 篇，相信使一個人可以成為「藝術
人」，藉此讓自己過得更好，不是在物質上，而是隨時隨地都
能愉悅自在。如同我常跟朋友分享的：「藝術品的昂貴，不在
外在，而是內在，它能帶來無限的智慧」。

Chapter 1

找到智慧與永恆的快樂
好藝術，如何看？

Chapter **2**

要怪就怪安迪·沃荷！

你掉入藝術陷阱了嗎？

Chapter 3

我們都是天生的藝術人！
那些藝術教我們的事

Chapter 4

紅花與綠葉！
關於藝術家與藝廊

Chapter **1** | to See

找到智慧與永恆的快樂

好藝術，如何看？

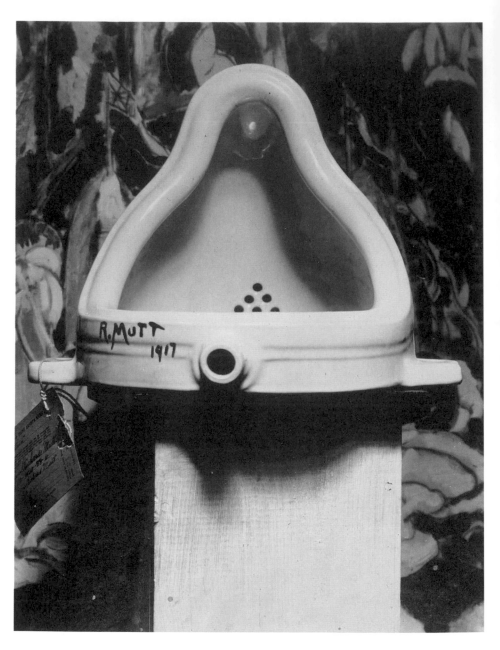

《噴泉 Fountain》1917
馬歇爾・杜象／法國

如何欣賞一件藝術品？（上）

要活出自己，就得要經常思考哲學性問題，
否則到人生終了時，可能都還放不下一切，
無法放過自己。

放空。

在工業革命前，晚上沒電燈一片漆黑時，此時人是很容易能放空的，面對著滿天星斗，思考生命本質。不過隨著電子產品越來越多，從電視機、電腦再到手機，讓大家下班或下課後，便將注意力自動轉移至這三種產品上，吃飯要有手機，睡前捨不得離開手機，起床也要先看手機，就連上班也想透過電腦連接網路，做一些無關工作的事。而此時此刻，全球化加劇，各類專業、產業及媒體爆量競爭，並不斷地設法研究任何方式，為了搶占人們的眼球無所不用其極，也使我們不知不覺與電子產品更加黏密。

少數人發現這是個嚴重的問題，因為我們若無法掌控自我，總是不知不覺被洗腦與控制，我們將會與真正的快樂越來越遠，逐漸導向精神方面的疾病。在面對藝術時，自然就有一個屏障把我們擋住，似懂非懂，然後買了可能後悔的藝術品。

資訊爆炸迫使人們的步調快速，雖是感覺很忙碌，但其實

是把時間及心思過度放在無謂的事情上。反而在最需要專注的時候力道不足，需要花費更多時間來完成既有工作。不若古代人，即使耕種時，也不會有手機連續來訊的不時打擾（無放空機會）。

▪ 無盡的思想，才有無限的討論

現代的人們沒有了耐性，一件類似「藝術」的畫作或物件，表面奇特或譁眾取寵的，即使沒有思想容易看膩，也會很快得到市場。相反的，需要思索的藝術（如 20 世紀美術史的所有作品），頓時失去關注。21 世紀的人，在看 20 世紀的作品時，容易停留在表面，不曾真正理解。然而，能夠擁有永恆生命的藝術，最重要的還是內涵，尤其是無盡的思想，才有無限的討論。馬歇爾·杜象（Marcel Duchamp 1887-1968）代表達達主義，安迪·沃荷（Andy Warhol 1928-1987）是普普思想，傑克遜·波洛克（Jackson Pollock 1912-1956）抽象表現。由於 21 世紀的藝術家及作品也是爆量與競

爭，能夠延續至 22 世紀的，絕對不是靠一時的表面，而是少數擁有「高度智慧」的藝術品。

《噴泉 Fountain》，其實就是小便斗，簽上藝術家名字，形成作品。被當時的展覽單位拒絕展出。杜象表達的是觀念與行為，而不是作品本身。他對社會體制規範的質疑，也無形影響了後來的藝術家。

1917 年的作品，距今超過百年。即使 21 世紀的華人，有些人還是覺得這件作品前衛或看不懂。若沒有《噴泉 Fountain》，可能也就沒有普普藝術、塗鴉藝術、安迪．沃荷、KAWS、草間彌生……等。

不看事物表面（1%），用心體會原本看不見的另一面（99%），才是我們欣賞藝術必須的習慣，且自然而然應用在自我生命。

如果我們要找到具有智慧的藝術品，並擺脫多數譁眾取

寵、只是一時的物件，就必須練習放空的習慣。這裡指的放空，不是發呆，而是讓我們的大腦重心，放在哲學性問題的探究，而不是人間與外在通俗瑣事上。有些人可能會覺得哲學是很遙遠的，與自己生活不相干。然而，只要一個簡單問題，它就是哲學，比如：「生命的意義是什麼？」

我們可以安排一個固定時間，讓手機與網路暫離自己，回到人類的初始，冥想放空。此時我們可能會發現，電子產品就是一種工具，儘管可以解決生活中一些遇到的問題，但那些虛虛實實的大量訊號，都是過眼雲煙，不值得掛心，因為我們生命可能是短暫與無常的，非常珍貴。

倘若我們要活出自己，就得要經常思考哲學性問題，否則到人生終了時，可能都還放不下一切，無法放過自己。

有了放空的習慣，如此一來，就能開始好好欣賞一件藝術品。

如一張白紙，沒有制約框架的成人，
容易體會到藝術的奧妙。

如何欣賞一件藝術品？（下）

沒有在正確的藝術教育環境成長的人，
他們容易有框架，很難進入藝術作品的思維，
總是似懂非懂。

催眠自己回到六歲之前的純真狀態。

在受制式教育之前，人是以無邊無際的出發點看世界，沒有框架及分別心，想像無限。所以孩子若在此時開始接觸藝術，尤其是已經有歷史定位的作品，他們的感受及腦海裡的畫面會很精彩，這是父母很難去理解的，因為每一個人都是獨一無二。對比孩子的想像力無限，很多成人是被制約的，這尤其在亞洲地區情況更為嚴重。

我們可以說，學齡前的人看藝術（六歲前），沒有懂或不懂的問題，如同聽音樂一樣，可以自由感受，完全不受限，亦不會有聽不懂的問題。而藝術是主觀性，與人的個性有關，學齡前的孩子便會有自己喜歡的音樂及繪畫風格。不過由於他們還處於不善透過語言表達的階段，所以很難把自己的想法告知父母，有些父母也因此以為孩子不懂藝術。

沒有在正確的藝術教育環境成長的人，他們容易有框架，很難進入藝術作品的思維，總是似懂非懂。此外，台灣多數的

學校教育方式是，老師在台上講課，學生在台下聽，再背起來
考試得高分，藉此區分一個學生的成就。因此，當他們到了社
會上，有機緣去看一幅畫時，也習慣要聽導覽，想直接得到關
於畫作的解釋，沒有自己發想的能力與耐性。

▪ 找到智慧與永恆的快樂

　　無論我們的學歷多高、知識再怎麼多，若不想成為藝術的
文盲，就得要重生——回到生命的初始，設法催眠自己進入六
歲之前的天馬行空。此時，我們會突然發現，原來藝術的欣賞
是這麼容易，而且沒有盡頭，時間愈久，領會愈多。

　　在華人地區，許多藝術收藏者可能已有 30 年資歷，但還
是無法盡興遊歷於美術史所有作品，因為他們所處的社會，多
多少少帶給他們框架，只是程度輕重。而且藝術品銷售人員及
單位，多數只有銷售話術加速成交，然後看圖說故事，就像台
上老師一般。他們沒有心思或能力，把買家帶入藝術，所以就

算一個人買了 30 年的作品，他們對於藝術的本質與定義，還是無法言無不盡，永遠徘徊於藝術的邊緣，反而是市場與投資，卻可以痛快的各抒己見。然而，一旦藝術投資失利，人們便黯然離開藝術領域，從此不再碰觸，只要聽到「藝術」，心情就會沉重。所以，他們也是必須完全卸下過去的框架，才能進入藝術的核心，找到智慧與永恆的快樂。

當然，若我們能以正確的方式進入藝術、欣賞作品，自然就能分辨膚淺與淵深的作品差異。膚淺表面的作品，可以透過人為操弄，擁有一時行情，但不用太久就會隕落，被另一個同樣以人為運作的作品給取代。行情不再有了，而這些作品在自己身邊，也無法帶來藝術養分。反而具有深度思想的作品，即使沒有被運作的機緣，但可以帶來心靈增值，對於精神弱化、憂鬱心理嚴重的 21 世紀現代人來說更是可貴，這是外在金錢很難比擬的。

成人面對藝術品時，只要輕輕鬆鬆回到孩童的純真就可以了，懂或不懂是其次（左腦），體會與想像才是優先（右腦）。

畫作:《救世主》約 1499~1510
李奧納多 · 達文西 / 義大利

師父領進門，修行在個人

藝術是精神屬性，尤其對 21 世紀的人很重要，
因為我們周遭負面的人事物很多，常導致情緒悶悶不樂，
即使自己是衣食無虞的人也一樣。

想過是什麼機緣下開始接觸藝術？

師父是朋友？媒體報導？還是書籍或畫畫課？

藝術緣分的開始，初次印象擁有絕對性的影響，日後若要180度翻轉，會有一定的難度。譬如，我們第一次見到一個人，他是西裝領帶非常正式的服裝；二次見面時，若約在人潮洶湧的車站，我們便會循著既有記憶，在人海中鎖定身著西裝的人士，但恐怕會找很久，因為他這次是穿著半截短褲及 T 恤。

一個人面對陌生的藝術境地，在一個機緣之下，開啟了藝術作品的緣分，這樣的緣分有幾種狀況：

短線投資：

大眾媒體常會報導，有人投資藝術品，短時間增值數倍獲利的訊息，便會有人因而受影響，潛意識認為藝術投資能在很短時間得到高報酬。除此之外，通常在沒有任何投資誘因下，要購買價格較高的作品時，總是會再三考慮，但此時若賣方傳達的語彙中，讓買方認定有「快速增值」的想像空間時，其中

有人可能會立刻決定購買，同時認為藝術品應該就是要短時間獲利才對。

　　由此進入藝術的人，通常沒有耐性去了解藝術的定義，以及美學與哲學，而是日夜期待作品增值，鑽研藝術的市場，並只對藝術投資的話題感興趣。他們不太會去美術館，就算去了，也是草草了事，或者衝著某一位市場「行情很高」的藝術家正在美術館展出而前往。若要他把投資丟棄，只專注在藝術的理論及哲思，可能比改個性還難。

　　長線投資：
　　也有人初次買藝術品時，得到的觀念是長線投資，這樣的人通常比較不會被「市場或藝術品的投資指數」給綁住，而有空間可了解藝術是什麼。若某一個星期六下午，同時有美術館的展覽開幕會與藝術品拍賣預展，華人通常會以拍賣會的展覽為優先，因為拍賣會是屬於「投資概念」的展覽活動，而美術館的展覽則未必有投資感覺，除非是趙無極、常玉或草間彌生等，屬於「投資概念」、近年市場行情突飛猛進的藝術家。不

過，這些大名鼎鼎的藝術家，在剛出道或作品行情仍低的時候，由於毫無投資感覺，也不會有什麼人氣與話題。

由此開始藝術的人，常游離於市場與學術之間左右為難。他們希望自己的藏品能增值，但又不希望被市場綁住，應該還是要好好了解藝術才對。所以他們會去逛美術館，試著閱讀美術史書籍。

無投資動機：

無投資動機的人，通常會先由美術館及藝術書籍出發，開始自己的藝術緣分。一段時間後，才有可能收藏「自己的」第一件作品（不是市場的）。他們的動機單純，就是喜歡藝術，也希望作品能陪著自己走完人生，因此他們挑選作品時會格外慎重、考慮許多，不是預算問題，而是透過內心與作品交流，衡量是不是屬於自己的作品。

爾後他們接觸到「藝術投資」時，就比較不容易被市場話題影響。這些人普遍認為買藝術獲利是可遇不可求，而且如果

是這樣，藝術對一個人就「太沉重」了，是不必要的。

　　以上三項，是人們藝術開始的關鍵點，進入之後不容易改變。

　　還是希望所有人是從「無投資動機」開始，如此，藝術對一個人才能有真正的幫助。藝術是精神屬性，尤其對 21 世紀的人很重要，因為我們周遭負面的人事物很多，常導致情緒悶悶不樂，即使自己是衣食無虞的人也一樣。但我們必須沒有「投資、行情及數字」的念頭來干擾，才能找到藝術。這對多數台灣人來說較難做到，因為「藝術與投資」老是綁在一起，但在歐洲，藝術是神聖的，整體環境潔淨。他們也知道有些作品很貴，但不影響他們單純進入藝術的心。

長輩多陪孩童逛展覽、討論作品時，
孩童可以有自己對作品的看法，予以尊重，不要否定。

孩子看藝術

藝術，盡情討論，避免去糾正他人的看法，
孩子自然會有自信在藝術品面前暢所欲言。

　　在台灣，很多人帶小孩去參觀藝術，卻在還沒開始看就落荒而逃了，因為小孩的喧鬧很快會引來展場人員或其他參觀者的關切。

　　在歐美的藝術展覽，常可看到嬰兒車，而小孩就在裡面，跟著成人一起欣賞藝術作品。無論是展場人員或其他觀者都是友善的，他們非常支持孩子盡早接觸藝術。藝術可以洗滌人心、產生智慧，讓一個人成為更好的人。

　　帶小孩子去藝術展覽，可能會有短暫的鎮痛期，因為孩子們的吵鬧，但不久之後就沒事了，反而他們會喜歡去接近藝術。人類在孩童時期靈性很高，只要密集性去看展覽，他們成長過程將會填滿藝術，當他們開始能使用語言表達想法時，彷彿就是一位藝術評論家。

　　藝術，用心去感受，遠比用大腦去分析來得好。

　　孩子出生後，很多大人就會讓小孩先接觸卡通，生動浮誇

的表現，能引起他們的好奇。此時，我們也可同步提供他們藝術作品，瀏覽美術史的書籍，看著那些歷史巨作的圖片，不需要文字或言語，也不用在意是否看懂，而是讓他們習慣這些藝術作品。在沒有框架與制約之下，孩童就像一張白紙或海綿一般全盤吸收，這些都會在將來產生作用，成為較有創造性的人。

▪ 翻閱美術史書籍

關於美術史書籍，以印象派之後或 20 世紀美術史較佳。19 世紀之前的美術工作者，多是為宗教或君主貴族服務，幫人畫肖像畫，但照相術問世之後，逐漸取代了畫家的工作，他們失業後，便開始天馬行空去創作。而能留到今日仍被傳頌的作品，儘管媒材或表現方式不同，但擁有一個共同點，就是「討論不盡」，也是一種思想與智慧，藝術家透過區區一件作品去表達，帶出哲學、社會學或心理學的論述。

讓孩子養成接觸藝術的習慣，他們自然能辨別藝術與卡通的差別，有各自的功能性，這反而是大人所感受不到的。因為華人的教育多重視學業成績，少有頻繁與正確的藝術教育。

許多人問我，若長大成人之後才接觸藝術，該如何看藝術？我的建議是要設法催眠自己，回到生命的初始，以此為出發點，去領會所有藝術作品。父母與小孩在討論一件作品時，應尊重彼此各持己見的看法，而不是大人說的就對。隨著一個人年齡增長，遇到的人事物都不一樣，在欣賞同一件作品時，也會跟著調整想法，並否定自己原先的感受。

藝術，盡情討論，避免去糾正他人的看法，孩子自然會有自信在藝術品面前暢所欲言，表達自己的想法。

父母帶他們去展覽場時，臨場感更讓他們全神貫注，安靜下來，與有共鳴的作品互動。雖然心中的感受很難使用言語表達，就算說了，他人也未必完全意會。

　　藝術是主觀性，每一個人喜歡的作品不容易相同，因為個性、成長環境與當下情況迥異。人們可以自由選擇「有感覺」的作品好好欣賞，在自我空間裡，此時不用去強迫他人配合自己。當然，我們也藉由作品，進一步了解一個人的內心世界。

　　在社會化與群體意識中，還能保有每一個人的獨一無二，這也是藝術的功能之一，相當可貴。

　　心靈屬性的宗教與藝術，意會後可以分享，但更重要的是內化了，將使一個人更為愉悅自在。

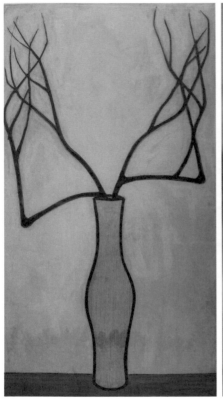

左：《靜物 Still Life》
常玉 油彩／纖維板 Oil on board
126x69cm
右：裝飾畫／深圳大芬村

一樣是花的題材

藝術品的價值在於深度想法，觀者參觀藝術展覽時，
絕不能被作品表面給矇騙及誤導。
乍看畫得很美的畫，只要學過繪畫的人都能做到。

　　免費獲贈兩幅畫中的一幅，你會帶哪一幅回去？你也可以測試親友。

　　若你已經知道常玉（Sanyu 1901-1966），當然會不假思索選擇左邊的畫。然而，還是有很多人不認識常玉，因此多數華人會選擇右邊的畫，因為花開富貴（吉祥），花團錦簇（裝飾），而不是略顯乾枯（不吉利）的常玉盆花。

　　常玉的瓶花，最高拍賣行情已達 100,000,000 港元，而右邊的瓶花在深圳大芬村可大量訂購，1 幅 200 港元，相差 50 萬倍。

　　這兩幅畫都有其功能及存在的必要。

　　常玉不是單純在畫花，他可能藉由創作實際傳達中國文人的風骨，尤其他身處「中國人與狗不能進餐廳」的年代及西方環境，作品背後藏有諸多想法，且風格獨具。花的繪畫題材很普遍，但同時代裡，大概也只有常玉一人的畫風不一樣而能脫

穎而出。反觀其他華人畫家都在追求「花團錦簇」，與市場劃上等號，他們掙到錢，只是作品沒有留存在歷史的必要，當然也無投資價值了。

右邊的「花開富貴」，它可能只是裝飾或風水功能，背後沒想法，就是「裝飾畫」，畫功好的人就能產出。在中國大陸，擁有類似畫功的人是不計其數。

藝術品的價值在於深度想法，觀者參觀藝術展覽時，絕不能被作品表面矇騙及誤導。乍看畫得很美的畫，只要學過繪畫的人都能做到；而常玉的盆花，全世界只有他能創作出來，所以價值不菲。奈良美智亦然，他的作品表面似是可愛，但也藏了成人思想及靈魂，因此跳脫了單純的插畫或日本卡通，晉升為藝術作品。

雕塑：《雲門 Cloud Gata》2006
阿尼什・卡普爾／英國（出生於印度）

主角與配角？

阿尼什‧卡普爾（Anish Kapoor）雕塑於芝加哥，
全部的人與作品合影，而不是與旁邊的摩天大樓拍照。
所有目光與焦點都匯聚於作品，
是唯一的主角，而旁邊的建築都是配角。

　　阿尼什・卡普爾（Anish Kapoor）雕塑於芝加哥，是當地的知名地標，也使作者的名氣更大。

　　反觀台灣從過去至今的公共雕塑，許多大樓及街道上都有設置，應該是數以萬計的雕塑、上百位作者。其中有些作者的公共雕塑特別多，且散布在諸多氣派豪宅的公設裡。許多人好奇，為何多數的雕塑建置的時間再久，也無法成為地標？作者（或藝術家）亦無法躍上國際，而作品行情更是沒有因此跟著上來？

　　原因很簡單：主角與配角關係。

　　若主角是藝術品，路過的人是很容易感受到的。作品的建置，舉凡尺寸、周遭環境與作品的關係、預算與所有考量，絕對以其為「主角」來考量，若無適當條件讓作品得以盡興展現，就是寧缺勿濫。作品是主角，其他旁邊的工事或花草樹木跟著調整（配角），以襯托雕塑。

　　但若雕塑變成配角，就是陪襯品了，不但觀感不佳造成扣分，亦可能直接影響其日後市場行情。

▪ 公共藝術算藝術品嗎？

　　台灣公共藝術的建置預算偏低，甚至以提升作者名氣為由，希望免費送給公共空間。因此造成提供作品的人，可能以最簡易方式處理物件。這些作品只有外表形式，但毫無藝術思想，一般民眾路過也無感。還有，少部分的公共空間很大，把不同風格的作品擠在一塊，但沒有妥善處理，相互干擾顯得雜亂。

　　如此的不良循環關係，即使再多的公共藝術，沒有哲理思想就是浪費，對環境不但沒有加分，反而使未曾進入藝術領域的人認為藝術不過爾爾。對於那些稍微已接觸藝術的人，他們也會有所困惑：「為什麼一個看起來很了不起的空間，裡頭的藝術畫作、雕塑或裝置作品似乎差強人意？」讓他們更篤定認

為自己一輩子不可能看懂藝術，只能當作投資。

　　一位雕塑家的作品於公共空間其實不用多，即使只有 5 件，這 5 件都是當地的地標就已足矣。

　　所謂的地標，就是匯聚人氣之處，觀光客會前往朝聖、拍照及打卡，如同 Anish Kapoor 雕塑於芝加哥，全部的人與作品合影，而不是與旁邊的摩天大樓拍照。所有目光與焦點都匯聚於作品，是唯一的主角，而旁邊的建築都是配角。這些建物，也因為附近有這一個主角（作品），而使建物的質感加分，人們若住在此地，也會感到滿足。

　　再者，公共空間的作品需要保養及維護，時間一久難免會有歲月痕跡。若主事者以作品為主角，就會注意保存問題，每年編列預算進行專業的保養。相反的，如果作品被當成是配角，保養預算很少或根本沒有，在台灣氣候的影響，尤其是酸雨或塵土飛揚之地，作品很快就會更為黯然失色，價值更差。

　　公共空間的藝術品，若是主角，整個空間就會形成美術館的氛圍，對作品本身、路人及場域都是加分；反之，就是扣分，寧缺勿濫。

Taipei Art Awards 2021
臺北美術獎 展覽一隅

美術館與藝術博覽會

孩童可以體會到藝術品的深度，不是只有表象，
但總是沒有機會停下腳步、坐著去感受，
也很難透過言語去分享，
因此家長都誤以為孩子看不懂……

　　有人是從小就喜歡畫畫，即使父母沒有提供藝術教育的機會（時常去美術館，並閱讀藝術叢書），但長大後自然而然特別關注藝術展覽的訊息。他們會去書局翻閱美術相關書籍，上網瀏覽藝術文章或影片，完全自發性。

　　但是一般人在領受藝術時，則需要一個安靜及專注的環境。而美術館是很好的環境，能感染一個人，他可能前一刻還在外面，焦躁於生活俗事，下一刻進到美術館時，自然轉為平靜。美術館的空間規劃，是讓藝術品能有最好展現的場域，表現自己、傳遞訊息，因此參觀者進到裡面，專注力自然投射在作品上。

　　另外，閱讀藝術叢書，也是一個人安靜的時候，可能在房間裡細細去感受。

　　至於藝術博覽會或藝術拍賣會，各有其角色及重要性，雖然也是能夠欣賞藝術品的場域，但它們是屬於藝術品買賣的地方，經常人聲鼎沸，加上各式各樣風格的作品都放在一起，若

一個人的專注力不夠，其實是較難專心欣賞一件作品。

對於兒童藝術教育的啟蒙，「安靜展場」與「買賣之地」的參觀頻率，最好是 10:1，甚至愈懸殊愈好。然而在華人地區，常常是相反的，尤其近幾年的香港，藝術品交易熱絡，拍賣會很多，美術館卻相對地較少。

有些華人父母認為，把孩子帶去藝博會或拍賣會，就已經是藝術教育了，但這樣的環境反而讓他們在看藝術時容易焦躁、沒有耐性，容易只停留於表象，沒有辦法進入作品的藝術深處。

▪ 孩子比成人更懂藝術？

「哲學性」，是一件藝術品的靈魂。倘若觀者走馬看花，很難汲取其耐人尋味的思維。孩童普遍知道藝術品是需要時間思考、慢慢欣賞，但總是沒有機會停下腳步、坐著去感受，也

很難透過言語去分享，因此被家長誤以為孩子看不懂，沒有給他們充分時間去吸收藝術的智慧。久而久之，孩子在碰觸到藝術時，就容易顯得「愛理不理」的。作品深處的哲理，是最有價值的地方，但人需要「安靜及放下」，才能發現。

在歐洲，各地盡是美術館，韓國也急起直追，私人美術館相當多。假設一個人一年有 50 次去美術館（或藝廊）參觀展覽，可能只有 1 次去拍賣會，甚至多數人是零次。歐洲每一個國家都有很多藝術拍賣會，但對當地人來說，比較像是一個「撿便宜」的地方，如同買二手物品交換的概念。若他們看到心怡的作品，預估價誘人，就會參與拍賣會。

歐洲的藝廊數量更多，絕大多數是區域內的單位，而不是跨國公司。這些藝廊沒有推銷的氛圍，因此很多華人前往歐洲旅遊，街角看到一間藝廊，就很自然的會走進去參觀，感覺不到壓力，但反而回到台灣，都不太敢去藝廊「打擾」。

台灣的藝廊，有些總給人「不舒服」的感受。他們會把參

觀者從頭看到腳，全身來回掃瞄與評估後，再決定要給予「親切」或「敷衍」的服務，讓參觀者有一種「不買就不應該進來參觀」的感覺。

藝術的洗滌，還是需要在一個沒有壓力、不被打擾的空間。

同一幅油畫，在藝博會與美術館展出，我們的感受會截然不同。藝博會可能得到表象，因為觀者必須在有限時間逛完所有展位，且人們站著、走著超過半小時後，可能就開始眼花撩亂、注意力分散。尤其初次進入藝術領域的人，建議最好能從美術館起步，養成深度思考一件作品的習慣，進而到達表象之外的境地。

創作是絕對自由，不活在他人之下。

藝術是絕對的自由

藝術家的成名是可遇而不可求，且除了創作技巧外，
更需要「藝術天分」，也就是「異於常人」的特質；
他們可以感受到一般人所感受不到的一切。

　　若家中有孩子，他們在畫畫時，最好不要去要求「畫得像」，而是盡情享受畫畫的樂趣。孩子可畫出不為人知的內心世界（藝術治療），同時釋放壓力，在完全的自由意識下作畫。

　　若孩子畫不像，被糾正或斥責，反而讓他們以後對藝術感到畏懼，與之保持距離，同時產生偏差的藝術觀點。

　　無人討論畢卡索或安迪‧沃荷的畫像不像，或得到什麼美術獎項，而是作品延伸出來的哲理及討論，形成影響力，這才是作品的價值所在。華人地區的藝術教育起步不久，不少觀念是偏差的，最需要導正及教育的不是小孩，而是他們的父母。

　　若要「畫得像」，去畫室補習即可，尤其「XX畫室」（位於台北火車站對面的補習商圈），教學超強，只要半年時間，學生就能把東西畫得很像了。美術系的人都知道「XX畫室」，因為其中不少人在此補出寫實技法，然後考上美術系，西畫或書畫都可以。

　　當然，也有人不需要補習，天生就有寫實的繪畫功力。不過，多數的他們，後來是從事美術設計相關工作，而不是當藝術家。

▪ 創作的意義

　　藝術家的成名是可遇而不可求，且除了創作技巧外，更需要「藝術天分」，也就是「異於常人」的特質；他們可以感受到一般人所感受不到的一切。這樣的特質，多半是與生俱來的，但也有些人可在日後藉由一些「方式」被激發出來。比如，他們經歷過相當巨大的負面挫折，抑或對於哲學有極為深度的領悟。然而，藝術家的創作還是得回歸到「自然而然」，外在物質的目的性不能過於強烈（成名或銷售），否則創作過程就會多了矯情與造作。純粹度不足的作品是很難歷久彌堅的。

　　藝術家當然還是會希望作品能有人欣賞與收藏，但最重要的是他們創作的當下，是否添加了商業目的性？很多時候是在

不知不覺的情況中發生的：

　‧藝術家覺得他自己有受到市場影響而創作，但作品表現出來的卻是純粹。

　‧藝術家認為不受市場干擾，但產生出來的作品卻看得出強烈的目的性。

　無論如何，最終都將由作品來說明一切。

　至少，藝術應該是絕對的自由，作品才能純粹，創作當下就會快樂，整件事情就有意義。

　孩子畫圖時，請讓他們自由自在、無拘無束地進行，尤其在文字認識仍有限的情況，畫畫就是他們的全部語言與意識，身為父母可以從中細細去領會。

　即使一個人已成年，到了社會上工作，但一句話的表達，還是會產生各式解讀：言多必失、言不盡意與禍從口出。就算說話了，但還是可能會造成許多麻煩。因此，成人也可以畫

畫，同樣地不需要講究像不像，若需要基本功，可去畫室補習
即可。

　　人的一生總是起起伏伏，不可能永遠順遂，不如意事更是
十常八九。除了畫畫，任何創作方式都能讓人安靜下來，整理
思緒。無論是音樂、文學、舞蹈、攝影⋯⋯等。但前提是，必
須回到生命的初始，要有：「不在乎別人是否認同自己的創作，
只要自己一個人滿意即可」。這樣的創作就有其意義，過程也
會愉悅自在，壓力同時得到釋放。

觀者聆聽導覽時，也要保有自己想法。

如何挑選好的作品？（上）

人為操作能使作品擁有一時的高行情，
然而高價之後才是考驗，因為高價自然帶來高度關注，
許多人開始檢視這些作品是否有其能耐？

這是一般人常常會問的問題。

在歐美地區，這一句話就是如字面上的單純。在華人世界，有些人也是如此，但也有人是話中有話，含有另一個動機（能獲利的好作品）。以下提出兩個衡量作品的關鍵因素：

1. 獨特性

這一點很重要，但不易做到。

藝術家在養成教育的過程，讀了美術史，難免有自己崇拜的偶像，模仿就是一個很好的學習起步。然而，當他們開始創作時，就很難擺脫前人的影子，多數的人其實自己也不自知。

藝術創作沒有自己的風格，就很難在成千上萬的創作者中脫穎而出，形成被模仿的對象。

藝術學子，通常會知道大量的美術史藝術家。假設 20 世紀 Top 200 藝術家，一般人可能只認得 20 位或更少，但美術

科系的人可能讀過全部。學生們喜歡的藝術家不一定是大眾所認識的，而可能是排名第 176 位的藝術家，並受他影響，潛意識裡學習這一位前人的風格，然後開始創作。多數觀者及買家或許無法察覺，但對於一些能左右創作者發展的藝術從業人員（如：史學家、藝評家、策展人或美術館的館員）而言，他們是可看得出來的。

此外，「向某位藝術家致敬」，這類作品也很多，創作者也是萬萬人，但能否萬中選一呢？此時我們就得去看他們的作品是否有「論述」價值？還是只是為了模仿而模仿？

2. 論述性

所謂的論述性指的是，當十位藝評家、史學者或觀眾看同一件作品，當他們會產生迥異看法時，就會爭論，延續話題，自然被帶到未來去，形成歷史價值。

相反的，若一件作品，十位藝評家、史學者或觀眾的感受是大同小異時，就沒什麼好討論的了，此件作品就會停留在當

時，不會有未來價值。

經過百年，我們還在了解畢卡索（Pablo Ruiz Picasso 1881-1973）或達文西（Leonardo da Vinci 1452-1519）的作品，就是因為前人與後人的看法迥異，因此他們的作品持續有話題性，很難劃下句點。

有論述價值的作品，自動會產生許多文章去討論（而不是花錢換來的文章），研究創作者與其思維，使人們逐漸肯定作品的藝術價值。

也許，人為操作能使作品擁有一時的高行情，然而高價之後才是考驗，因為高價自然帶來高度關注，許多人開始檢視這些作品是否有其能耐？若無，負面聲音即會出現，再傳到市場來，接著作品的行情受到影響開始動搖，一旦拍賣價格轉為不佳時，拋售便湧現，投資信心頓時瓦解，最終可能以泡沫化作為句點。

若收藏者無市場考量，他們就僅需要善用上述兩點，評估

自己平時接觸到的作品，無論是來自網路上或實體展場。

「獨特＋論述性高」的作品，創作的「當下時刻」，此一感覺是很難使用有限語言來表達，因此有些時候會稱之為「神來一筆」，不是刻意來的或目的性，連創作者自己也無察覺的意識下完成的作品，有人比喻為「冥想」的境界，透過靈敏的感官，完全自我體現。此時早已跳脫模仿學習，不求表象或物質。

藝術性的作品就是如此，歷久彌堅禁得起考驗，不會過時，如同古董車或古董錶，能夠留下來的，總是一些看不膩也玩不膩的。

若工業產品加入藝術因子，而不單只是針對當季流行或市場偏好去設計，這樣的產品就有很高的機率傳頌百年，若加入限量概念，市場價值就出來了。製造出這樣經典作品的人，就會比較像是藝術家，雖然他們可能為某個品牌或公司工作。他們會把思想設法放入產品中，經過數月數年不斷檢視及調整，確保完全到位，直到心滿意足才會推出。

賈克‧梅第（Alberto Giacometti 1901-1966）
的雕塑作品。

如何挑選好的作品？（下）

一件作品如果已具備獨特性與論述性，
那就已構成了好作品的條件。
若沒有文化隔閡，就能得到更多國際市場認同。

　　一件作品如果已具備「獨特性」與「論述性」，那就已構成了「好作品」的條件。如果買家同時期待作品未來能有更高的市場行情，在不行使「人為操作」抬升作品價格的話，就必須擁有更多國家的市場。

　　然而，藝術品常是文化下的產物，若這文化是大家陌生且不太感興趣時，市場的延伸就有困難。相反的，若沒有文化隔閡，就能得到更多國際市場認同，以達到供不應求的機會。

　　譬如，每一個國家都有自己的傳統文化、風俗民情及山河風景，以台灣來說，我們擁有許多本土題材，如：霓虹燈、檳榔、廟宇……等在地鮮明事物，還有在地特色景緻，如：阿里山、日月潭或台中公園……等，這些若成為創作的題材，在台灣土生土長的人容易感同身受，產生情感，但對於外地人來說，就不太會有感覺了，甚至有些人連台灣或泰國都分不清。如同我們看其他較為陌生國家的文化，也會有同樣感覺。

　　哥斯大黎加、委內瑞拉或其他地方，亦有固有傳統文化、

湖泊與山，一般人不會熟悉及好奇的，除非我們住過當地一陣子。然而，如果換成是美國的山脈及湖泊，就算我們不熟悉，也會有興趣了解，畢竟美國是「泱泱文化大國」，台灣小朋友都知道美國，還有麥當勞、可口可樂及星巴克。

▪ 大國享有得天獨厚的優勢

世界上少數的文化大國，如美國、法國、中國及日本，他們的文化是全世界人都熟悉及感興趣的，因此當地藝術家的作品有自己文化語彙時，如中國風、日本浮世繪、美國流行文化等，其他國家的人也不會陌生沒有隔閡，市場自然就大。亞洲對全世界的人來說，中國及日本是最耳熟能詳的，近幾年韓國也不遑多讓，而其他就陌生了。

反觀其他地區的藝術家，如巴拿馬、委內瑞拉、斯里蘭卡、葡萄牙、盧森堡……等，如果他們的作品想讓全人類都能夠進入，就必須擁有世界相通的語彙。畢卡索的作品若不探

討哲學性問題，而只強調西班牙文化，作品就無法引起全球藏家的共鳴，其作品就不會供不應求而形成高價。同樣的，瑞士藝術家阿爾伯托・賈克・梅第（Alberto Giacometti, 1901-1966），若他的作品只著重於瑞士的本土文化，而不是生命意義，作品的收藏者就會多是當地人，而不是全世界。

目前全世界超過 200 個國家地區都不是泱泱大國，聲量低的國家也有場館在威尼斯雙年展，但多數觀者會略過，因為光是走遍大國的國家館，觀者也眼花撩亂了、腿也痠了。

小國都有本土藝術家，創作本土題材的作品提供給當地人感同身受，但對於外國人就會多了文化隔閡。除非藝術家關切的是全人類相通的話題，哲學或人類學，探討生命意義，挑戰藝術的定義，那就沒有國界，市場自然無限。

不過，藝術家在意的事，應該是很自然而然的，若他們是小國的藝術家，剛好對於本土文化特別有感情，即使是內需市

場不大的斯里蘭卡或哈薩克，也沒有關係，因為他們是在做自
己想要的事，在旁人看來可能很辛苦，沒有收入，但他們創作
的當下是滿足的。

北京 798 藝術區

15 年世代交替

以華人市場為主的藝術家，即使他們不是華人，
也都有較高的泡沫化風險，作品最終是有價無市。

「15 年世代交替」，只適用於華人藝術市場。

無論是台灣、新加坡、香港及中國大陸，2018 年起各地的新藏家偏好潮流卡漫，市場嗅覺敏銳的拍賣公司及藝廊也都知情，不斷加碼提供更多不同作者的作品，因為這些買家未來還有好幾年可買作品。

這個市場目前有相當的「一窩蜂」現象，「你有我也要有」的心態，成群購買同一類的作品，人們的個人色彩不鮮明。多半來自有心人士操作，強力行銷的成果，造成熱度使價格一飛沖天。沒有買到或遺漏掉的就會感到遺憾，賣方就會想盡辦法補齊，但又似乎買不完，因為潮流卡漫不斷推陳出新。

時光倒流至 2003 年左右，當時的中國大陸新藏家偏好傷痕美術（文革後的作品），抑或西方人加持的中國當代藝術家。台灣藏家則喜歡台灣光復前後的畫家作品。

那麼，2033 年新藏家偏好會是什麼呢？

▪ 一窩蜂的後遺症

　　15 年只是一個粗估的週期，將達到大規模的改變，藏家品味的世代交替，可能 9 成作品不會重疊，面臨有價無市的泡沫化危機。買家若不在意作品的未來市場價值，純粹希望作品陪自己到老，就不用在意「15 年世代交替」的問題，反正買的是個人的標記及所屬年代。但如果買家把藝術品當作投資，若來不及賣出，15 年後他們將不再買作品了，因為之前的全部套牢堆在家裡，甚至被長大後的孩子奚落：「當初把錢拿去買房子就好了，績優股票也好。」

　　西方國家重視個人主義，「你喜歡是你家的事，我有自己喜歡的風格」，以致「一窩蜂」的現象較少，市場資金能夠分散至各類型的作品，「再怎麼奇怪的作品都有人買」，皆有擁護者。因此，任何一種風格的作品，不會面臨過時或退流行的問題。過去以來，以西方藝術市場為主的藝術家，就算成名了也能細水長流，少有泡沫化的情況。華人藝術家可以把市場放在沒有投資氛圍的地方。

　　反倒在華人地區，作品的熱度一旦消退，就有「人間冷暖」的明顯反差。就算有人還是喜歡，也不敢下手去買，因為⋯⋯「大家都不買了，如果我還去買是不是我的眼光有問題？」

　　以華人藝術市場為主的藝術家，即使他們不是華人，也都有很高的泡沫化風險，最後有價無市者是多數。案例太多不勝枚舉，在此不便透露，讀者只要翻閱早年的拍賣年鑑或藝術雜誌便能知曉。正值熱度的藝術家們，能見度也高，占據了許多媒體篇幅。

　　「一窩蜂」也顯示人們對自己沒自信，該特立獨行時，卻寧可隨俗浮沉。

　　未來 100 年內的華人美術史，不太可能只有潮流卡漫，每隔一陣子，就有當時新藏家簇擁的對象。當然，藝術是絕對主觀性，還是希望每一個人都是獨一無二，找回原生的自我，乃至於各式各樣的藝術表現皆能百花齊放。如此一來，藝術家能

做自己，不被市場流行給綁住，作品的原創及深度無限，受益的是所有的人。

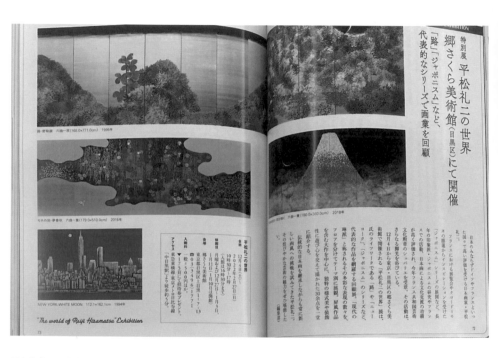

真正的日本美術

雖然村上隆、草間彌生及奈良美智的作品很貴，
在海外似乎很有名，日本人也知道，但就只是知道而已，
普遍還是不把它當作一回事。

日本美術，到底是什麼呢？

日本的藝術創作者，與世界各國一樣，作品的表現方式有裝置、錄像、行為、雕塑、繪畫、攝影……等各類，什麼都有，就連抽象繪畫都在上個世紀與歐美的抽象表現連成一氣。然而，一些台灣較資深的藝術愛好者都知道，日本最重視的美術，還是他們自己的傳統美學，如膠彩、書畫、瓷器及精緻版畫。其中「浮世繪」可說是最能代表大和民族的藝術風格，其他則有東西方的部分融合。

台灣人最熟知的卡漫藝術，在日本顯得較為尷尬，創作者到底是漫畫家或藝術家？日本是漫畫工業大國，若是漫畫，可能還比較受當地人重視。在他們的觀念裡，或許是無法擠身知名漫畫家之列的人，才去畫類似美術的東西。在 20 年前，多數日本人不太理解，也不想去研究，因為卡漫藝術在日本是沒有市場、不重要的。但自從近年在國外、尤其華人地區市場反應熱烈，日本人才開始稍微接受，不過主要還是在「拍賣或藝廊」等畫商的圈子而已，因為想做華人的生意。

　　日本很現代化，全球七大工業國之一，但相當重視自己的傳統文化，至今仍保有皇室，民族性強，還是十足的太陽之國。

　　七大工業國，在 20 世紀的先進國家裡，日本是亞洲唯一代表。曾經殖民或占據東亞各地，戰後經濟強盛，成為亞洲地區的翹楚及標竿，其在亞洲的影響力，如同美國之於中南美洲。美國及日本在當時可說樣樣都好，令人嚮往及學習。

　　尤其台灣，受日本影響最深，1980 年以前出生的人，多數人對日本相當傾心。1990 年後亞洲各地的經濟奮起直追，與日本的差距愈來愈小，就不那麼把日本當作神話了。

▪收藏日本藝術的人

　　收藏藝術品的年齡層，以 40 至 65 歲為多。25 年前的台灣藝術收藏家，也喜歡日本的作品，但偏好膠彩畫，如今這些

收藏家都已 70 歲以上了。當時台灣市場也有知名的前輩膠彩畫家，如林玉山與林之助。

　　銜接在後的收藏家，還是喜歡日本作品，但逐漸轉為卡漫風格。過去以往，東亞人所看的漫畫，幾乎只有日本漫畫，市占率百分百，深植所有人心中，卡漫風格的日本藝術創作，在自己國家找不到溫暖，但可以順勢進到台灣如魚得水，這也是他們始料未及的。

　　後來，日本卡漫藝術家大舉進入台灣，參加台灣各地藝博會，與台灣畫廊合作，使得近幾年的部分台灣收藏家，都誤以為卡漫藝術就是日本美術了，殊不知這類作品在日本是極為小眾、被排擠的。他們在日本找不到市場，但人活著還是要生存，只好向外尋求賣作品的機會。1990 年代，日本人還不知道自己的卡漫風能在台灣或香港受到歡迎，關於海外的市場，他們當時一心只想到美國，畢竟美國是戰後的世界大國，同時日本人普遍崇洋，若能得到美國人的認同，或許還能回頭說服日本人。

　　雖然村上隆、草間彌生及奈良美智的作品很貴（華人資金追高造成），在海外似乎很有名，日本人也知道，但就只是知道而已，普遍還是不把它當作一回事，仍然只關心自己國內的膠彩畫家展覽。

　　畢竟日本在國際上知名的人太多了，他們也在意日本旅歐足球明星、旅美棒球選手的表現。包括網球選手在內的日本國際知名人士受到西方人肯定，日本人反而更開心。

　　膠彩畫是日本獨有的美術，因此他們相當重視及保護，但很多華人藝術收藏家，反而不太熟悉日本膠彩畫。膠彩畫家在日本備受尊崇，作品行情高、內需市場充足，根本不需要到海外辛苦參加藝博會。

安迪・沃荷（Andy Warhol）

白人優越 ?!

21 世紀，華人市場愈來愈重要，
他們的「偏好與興趣」，逐漸成為全世界會去重視的。

　　1980 年代以前，白人優越、種族隔離、白化政策，使得全世界有著明顯的不同階級。爾後人類文明大躍進，包括種族、同志與兩性的平等，安迪・沃荷（Andy Warhol 1928-1987）、尚 - 米樹・巴斯奇亞（Jean-Michel Basquiat 1960-1988）、凱斯・哈林（Keith Haring 1958-1990）、辛蒂・雪曼（Cindy Sherman 1954-）、法蘭西斯・培根（Francis Bacon 1909-1992）、盧西安・弗洛伊德（Lucian Freud 1922-2011）……等都是象徵性的藝術家。雖然今日還有成長空間，但已經比 1980 年前好很多了，尤其在藝術方面，更是率先呈現文明與種族融合，因為傑出的藝術家重視的是生命本質及意義，自然會去關懷周邊弱勢的人事物。因此，白人藏家（資產階級）於 1990 年代開始收藏了非白人的藝術家作品，如雪潤・內夏特（Shirin Neshat 1957）、阿尼什・卡普爾（Sir Anish Kapoor 1954）、張曉剛、蔡國強、野口勇、草間彌生……等。

　　20 世紀出版的世界美術史，80% 的篇幅放在歐洲，15% 是北美，5% 為其他。種族未達到平等時，再好的作品若出自於亞洲或第三世界國家，就是次等文化。21 世紀百年的世界

美術史書，可以預期，亞洲藝術家可能達到三分之一的篇幅。

無「文化隔閡」，國際相通語彙的作品，若來自亞洲或非洲，有著特殊背景，反而易成為特殊性，更多機會普及未來的世界。

▪ 中國藝術的衝擊

1990 年代，西方人來到中國大陸，一直以來的刻板印象，以為中國繪畫就是水墨畫。沒想到，他們看到了張曉剛、曾梵志、方力鈞、岳敏君⋯⋯等人的作品大為驚豔。原以為「繪畫已死」繪畫的發展已經山窮水盡，所有能做的、能玩的，無論是印象派、立體派、野獸風格、超現實、抽象表現、極簡主義⋯⋯等，西方人在 1960 年代以前都玩遍了，但卻在中國看到繪畫還有其他的可能。原來，都是文化作祟，中國歷經了「舉世聞名」的文革，改革開放後所產生的作品，是歐美先進國家的環境無法創造出來的，因此，西方人給予高度

評價及興趣。

　　畢竟，無論是重要的美術館、雙年展、藝術博覽會、拍賣公司、藝廊、藝評家、策展人⋯⋯等，都源自於歐美地區，以西方為首，因此他們的「偏好與興趣」在藝術世界裡扮演關鍵角色，也算是有影響力的一群人。

　　21世紀，華人市場愈來愈重要，他們的「偏好與興趣」，逐漸成為全世界會去重視的。

　　21世紀後，西方的藝術博覽會、拍賣公司、藝廊、藝評家、策展人與藝術家，逐一來到華人地區，試探當地人的口味。他們發現與西方大不相同，但也不願打退堂鼓，而是不斷調整及研究，同時也試著教育華人去理解在西方受歡迎的作品。他們知道從拍賣會著手可能更快些，因為華人此刻更熱衷於「數字及投資」，天價的西方作品，儘管華人藏家看不懂，也由於價格很高、潛力誘人，因而值得學習，期待買到日後行情翻倍的作品。

　　此外，西方人也對於東歐社會主義、非洲貧困內戰、伊斯蘭概念……等題材的作品亦感到興趣，只要有連結至社會國家的新聞爭議話題，在此背景下誕生的創作，基本上都可大作文章，很好行銷包裝，然後橫行於西方的藝術市場，製造買氣。當然，這可能引起另一派的反對聲音，來自西方本土意識或反對藝術的商業操作，但無論如何，隨之而來的還是爭議及話題。

　　至少，在種族平等後，世界各地的藝術，就能在公平的舞台上競爭了。

《瑪麗蓮夢露郵票 Marilyn Monroe》1967
安迪・沃荷／美國

如何看見
「獨特」及「論述」的作品？

一件作品會有不同聲音，代表每一個人都是獨一無二，
不是複製人，可能沒有對或錯，只是角度各異。

　　若一位藝術家創作出來的作品相當「獨特」，辨識度高、讓人過目不忘，同時又有無限的「論述」空間，就能引起強烈爭議及討論，且沒有「文化隔閡」，如：賈克・梅第。若藝術家能搭配強勢的全球「行銷」宣傳，作品就能深植人們心中，如：草間彌生。如果成名藝術家一年作品的「產量」相當少，每一件作品的價格就可想而知了，如：亞德里安・格尼（Adrian Ghenie 1977- ）。然後再引來更多媒體的相繼報導，讓群眾趨之若鶩，此時藝術家再推出「普及性」物件，限量百版，滿足所有粉絲，如：村上隆。當人們擁有了物件，自動到社群網站分享圖片、喜悅與戰利品。量大的物件，襯托了少量原件之稀有，在拍賣會屢創高價，如：傑夫・昆斯（Jeff Koons 1955- ）。藝術家的知名度水漲船高，招來奢侈品牌合作，最後成為全世界眾所周知的人物，有機會進入未來的美術史，各地美術館也想典藏作品。

　　21 世紀成名的藝術家，大致就是如此，自然而然的發展及結果，很難刻意製造，所有步驟環環相扣，順著人類的天性在走。

　　「獨特」，人類本來就對於新奇的事物，會自動多停留一點時間，並儲存下來或分享。分享也是人的天性，剛好本世紀網路的社群網站熱絡，讓許多人相當依賴，並改變了人類行為模式，能分享獨特的作品。

　　要避免把一件模仿的作品誤認是「獨特」的作品，我們就必須多瀏覽美術史上的作品，愈多愈好，畢竟一幅畫能從萬幅畫中被選入史書，都不是簡單的藝術品，值得我們研究。

　　「論述」，製造話題，引起爭議與辯論，就算藝術家當時得到排山倒海的負面評價，但不費吹灰之力，瞬間換來知名度。普普藝術 POP ART（如：安迪‧沃荷 Andy Warhol 及羅伊‧李奇登斯坦 Roy Lichtenstein）或達達藝術 DADA（如：馬歇爾‧杜象 Marcel Duchamp），20 世紀美術史中的許多藝術家就是這樣產生的，顛覆當時人們所謂的藝術定義，引起相當大的話題，甚至群情憤慨反對藝術家的想法及作品，剎時自動產生不計其數的評論文章，但藝術家就因而成名了，接著逐漸引起另一派人的支持，兩方陣營對峙，話題不斷持續至未來。

▪藝術應引起爭議與討論

藝術是絕對主觀性的。在美術史上，每個人都有自己喜歡、有共鳴的作品，一定也有不苟同與反感的，尤其是非常「爭議」的作品，必定引起正反兩個極端的評價。

若一件作品總是看不盡，很難有一個結論，就已擁有「論述」的條件了，而「論述」推向極致時，便是「爭議」。如同運動員或歌手一樣，票選最受歡迎的第一名，往往亦是最討厭的第一名，使他們的討論度最多，形成高知名度。

藝術家製造的「爭議」作品，必須在自然的情況下，並非刻意，完全無法預料能引起廣大討論。

一件作品會有不同聲音，代表每一個人都是獨一無二，不是複製人，可能沒有對或錯，只是角度各異。

當然，在任何世代裡，大多數正在展覽中的作品，所有人

的感受是一樣的，差異不大，沒什麼好討論、零爭議，因此這樣的作品只會停留在當時，不會被帶到未來。

《盡界》吳熙吉個展一隅 2019
Lines in between Void - Wu Hsichi Solo Exhibition

衣食無虞後⋯⋯

若只充斥著做生意的人，
即使買家的收藏資歷已超過十年，也無從真正了解藝術，
甚至偏差的觀念已更為根深固蒂，難以改變。

　　多數人衣食無虞後（不一定需要相當富有），他們會把多餘的資金，轉而去購買自己喜歡的藝術作品。

　　1990 年以前就已經是已開發的國家（如：瑞士、挪威、荷蘭、丹麥、愛爾蘭、瑞典、德國、日本……等），由於他們富裕很久，多數人不執著名牌，藝術方面傾向追求心靈上的滿足，他們在意的是作品是否有共鳴，而不是藝術家的背景與知名度。人們挑選的是作品不是人，甚至是他們眼前的那一件作品，其他的都沒放在心裡，也不那麼需要去認識藝術家。

　　作品是無題，作者是匿名，都很常見。

　　收藏者在意的是作品與自己的關係，相當私領域，挑選能陪伴自己一生的作品，這是最重要的了，而藝術家是誰？作品是否有附證書（一張印刷的紙），就顯得不絕對重要。

　　到了 21 世紀，華人開始富有了，中東人亦然，還有一些第三世界的新富豪，由於過去以來已經苦了很久，所以當他們

擁有財富時，多數人會先追逐奢華，購買夢寐以求、能彰顯財富的奢侈品，如跑車、名錶、名牌服飾、珠寶、紅酒……等。對於藝術品，大部分人也是以名牌及投資為優先考量，藝術家的知名度需要匹配自己的地位，最好能與金融產品一樣，擁有高度的投資潛力。

▪ 一定要買知名藝術家的作品？

放置在家裡或公司的藝術品，他們會在意賓客來訪時是否認得？若藝術家的名字讓大家感到陌生，主人還需要再三解釋，甚至被譏笑，他們認為這樣的作品連保值都沒有，因為作者不具名氣。

剛富裕的地區，經濟與藝術仍未齊頭並進，藝術的觀念仍來不及普及與成熟，因此多數人碰觸藝術時，會停留於表面。

他們可能需要享受物質一段時日後，才能逐漸去體認藝術

與哲學。然而，市場上也必須有這樣的管道機會，能為他們引入真正的藝術。若只充斥著做生意的人，即使買家的收藏資歷已超過十年，也無從真正了解藝術，甚至偏差的觀念已更為根深固蒂，難以改變。

　　因此，歐美的藝術市場在 21 世紀初趨於飽和之際，同時增加了西亞及華人的市場需求，也讓西方較有競爭力、想拓展業務的畫商，處心積慮思索如何開發亞洲市場。因此，本世紀初，大批的西方藝術家、畫廊、策展人進入北京與上海，後來他們才發現此地與歐美藝術環境完全不同，若無法入境隨俗，市場雖很大，但完全無法擁有任何的機會。如今，知名度與行情潛力兼具的西方藝術家，是現階段最受歡迎的。西方畫商必須相當了解市場習性，才不會鎩羽而歸。相反的，若是不知名的藝術家（還不是品牌），畫商又沒有提供投資的想像空間，作品風格又剛好不是華人喜歡的，即使一件作品只有 1,000 美金，也難以得到市場。

Chapter **2** to Think

要怪就怪安迪・沃荷！

你掉入藝術陷阱了嗎？

藝術品的買賣藏著一些玄機。

要賣不賣的 ?!

最有人氣的作品，不一定是藝術家本人最喜歡的。

市場的偏好，常與創作者自己喜愛的不同。

因此，常有人好奇藝術家自己最滿意的作品是哪一件？

　　藝術是多元性，而藝術又有其主觀性，因此通常一場展覽的作品風格與屬性，會是策展人或藝廊自己偏好的，而展出的所有作品中，又有他們個人最有共鳴的，因此有可能想搶先占為己有，不一定要出售。抑或，當有人也想收藏時，再來議價，而成交價必然高於其他作品。此外，如果一位知名度高的藝術家，他的藏家群特別多，每一個人都期待新作出爐，而展出作品中往往又會有人氣最高的，這樣的作品常輪不到陌生的買家來收藏，通常在開展前已被買走。

　　當機會在賣方這一邊時，藝術品會有兩種狀況決定是否出售：

1. 藝術家當紅，作品供不應求

　　所有買家需求的作品總量，遠大過於藝術家所能提供的作品數量，此時市場會站在賣方的一邊，由他們來主導，作品價格通常會逐漸調高，且甚少有折扣。

2. 不想售出的作品

　　在一場藝術家新作個展裡，假設展出 26 件作品，作品清

單中有1至2件作品價格特別高，或是未開展就已標示被收藏，這可能是藝術家或展覽單位（展場負責人或策展人）想自藏的作品。

有些展場空間，出資人不只一人，也可能有長期支持的重要收藏家群，其中或許有名人（可背書），因此特別的作品有時候就會由上述者先決定是否收藏。

▪真人氣與假人氣

最有人氣的作品，不一定是藝術家本人最喜歡的。市場偏好，常與創作者自己喜愛的不同。因此，常有人好奇藝術家自己最滿意的作品是哪一件？其實這一個問題永遠無解，即使藝術家說了自己最喜歡的，提問者也可能半信半疑。多數的藝術家會說：「全部都喜歡」。少數有商業頭腦的展方，通常會知道買家喜歡的作品是哪些，只要「見人說人話」即可，從參觀的眼神即可判定他們偏好的作品（視線停留時間最久，頻率最多），並提早一步告知那些作品是藝術家本人最滿意之作。

此外，開展前或展覽第一天就全部售完，常讓人摸不著頭緒。常見的狀況有：

1. 真人氣： 買家真的多，遠多於展場的作品，且價格親民，多數人不用考慮或詢問親友意見，即可自己當下決定。

2. 假人氣，去製造日後的真人氣： 這也是常見的行銷手段，因為人類畢竟是群體動物，而華人常有「一窩蜂」的習性。一群人簇擁的物品，即使東西還好，心理上受到影響，陷入「有人氣就是好貨」的迷思，也常跟著消費，殊不知人氣都是可製造出來的假象。相反地，若一個物件無人氣，但自己卻很喜歡，此時就會顯得沒自信，擔心被人譏笑，並懷疑是否自己的眼光有問題。

製造藝術市場假人氣的目的，很可能是一種飢餓行銷，買家無法擁有時，就會更想要。接著，作品被導入拍賣會或提供給二級市場私下交易，就能提高成交價，同時帶出更多熱度及討論。

　　然而，假人氣也要搭配多樣化的宣傳，使人們多次重複觸及，尤其在今日資訊爆炸的世紀，舊訊息很快就會被新訊覆蓋，以致宣傳的費用必須更多與扎實，才能使一場假人氣轉為真人氣，否則買家就會選擇買得到的物件。

　　要賣不賣的行為，可能出現於上述情況。對於買家來說，可以不必強求，畢竟在藝術家爆量的時代，若不在意作品未來的市場價值，能選擇的品項太多了。**藝術的緣分很奧妙，可細細挑選陪伴自己一生的藏品。**

展覽的作品旁貼上紅點,表示已售出嗎?

充滿魔力的「紅點」

人們看到一件作品被貼上紅點時，
常認為該件作品較好，頓時失去自我，
因此畫商才會端出各種計謀，應用在紅點上。

一般來說，在藝廊或藝博會，紅點即代表作品已售出。然而，也有可能紅點作品是表示未售出的。光是紅點，可說大有學問，幾種可能的狀況如下：

1. 為的只是提升買氣

人跟著人走，尤其在華人地區，什麼事都很講究聲量與人氣。在市場消費來說，無人氣的產品或餐廳，讓多數人懷疑店家所提供的產品是否不好？反而擠滿了人的餐廳，即使是新開幕，消費者心理至少就有安定感，只要跟著消費，就算要排隊等待也無所謂。吃完餐後，有些人會覺得確實美味，但也有人認為其實還好。一般人面對沒有人氣的品項時，容易顯得沒自信，就算知道產品不差，亦不需浪費時間排隊，甚至還更便宜，仍然會產生消費的不安定感。

藝術市場亦然，很多人知道作品旁邊貼了一個圓點（多數是紅色），代表已售出。因此，在一場藝術博覽會中，想要知道任何展位的銷售狀況，知道他們展出作品中，有幾件貼了紅點，即可知道賣了幾成作品了。

因此，一開始的氣勢就很重要了。

如果一位藝術家的個展，正式開幕時已有作品立即被貼上紅點，就會引起多數潛在買家的興趣，消費心理上至少是放心的，尤其原本就有打算收藏的人，此時就更不會懷疑自己的眼光了。有些單位會在展前運作，讓自己的藏家搶先一步收到作品清單，先進行銷售，因此確實有可能在展前就已有作品被訂購。然而，如果展覽開幕時，尚無銷售成績，有些單位可能會在未售出的作品旁貼上假紅點（約 1 至 3 件），以提升參觀者購買的動機。

2. 展覽單位想自己收藏

展覽單位要選擇哪些作品（未售出）旁貼上假紅點呢？他們可以把紅點貼在自己想收藏的作品，有可能是藝術家的代表作，最有人氣的作品，但也可以是價格低的小品。

3. 貼在人氣較差的作品，反正也賣不掉

假紅點也可貼在預期賣不掉的作品旁，若有人「受影響」真的想買時，也可賣出。

多數華人非常群體性，在意他人是否認同自己，不若西方人較為個人主義。因此，有些賣家善用這種特性，輕鬆獲利。

比方說，陳先生站在一幅畫前面很久，考慮半天，遲遲無法決定是否購買，若突然出現另一位競爭者，也想要購買時，陳先生就會感到緊張而立即下訂，殊不知那位競爭者是展覽單位故意安排的。因此，有些人很得意，表示自己喜歡的作品，每一次都會有人跟他搶，但有可能全部都是一場戲。

4.隔一陣子後告訴買家，原訂購者已改變心意

假紅點的作品，其實也是有收藏的機會。若買家剛好喜歡的是紅點的作品，展覽方常以一個「似乎合理」的理由，讓買家最後買下原以為已賣掉的作品。理由可能是：

• 原訂購者改變心意，買更高價的作品。（正面的理由）
• 尚未付訂金。

當然，參觀者也可能沒有想收藏任何作品的想法，只是利用一個「紅點」的藉口，擺脫推銷的糾纏。因此，當「紅點」作品出現收藏機會時，參觀者又得接招了，再想另外一個理由來婉拒，通常是：「好，我回去跟家人討論一下。」

5.暖身亮相，之後送至拍賣會，讓向隅者去競標

這是一種市場的布局，常利用於一場藝術家新作展覽，開

幕會前作品已全部貼上紅點，一件也不留，讓參觀者及媒體震撼，感受到藝術家的市場高人氣，以訛傳訛，好讓訊息瀰漫整個市場，提升二級市場的賣價，吸引大量資金挹注，尤其是拍賣會，讓少量 1 至 3 件拍品得到足夠資金，製造高成交價，遠超過預估價數倍，然後再引起更多資金的興趣，形成一個自然的高人氣，但背後其實就是完美的市場行銷。

6. 半顆紅點、綠點或其他顏色，代表已訂購未付訂金，但其實只是想刺激消費

別被紅點帶著走，藝術是主觀性。

人們看到一件作品被貼上紅點時，常認為該件作品較好，頓時失去自我，因此畫商才會端出各種計謀，應用在紅點上。別受紅點影響，因為多半是假象且沒人訂購。藝術教導我們一件事，就是「回歸自我，不被通俗事物與行為影響」。也有些單位乾脆不貼紅點了，即使作品被訂購。目的是讓每一件作品都有被公平好好欣賞的機會。

藝術品的高價，來自太多的因素組合，
連許多藝術市場的專家都始料未及。

投資藝術高獲利？

藝術投資者的標的物，至少需有「流通性」，
但絕大多數在藝術博覽會或藝廊展覽的作品，
永遠都沒有二級市場的流通機會。

　　藝術是心靈屬性，作品能帶來至高無上的愉悅。最成熟的買家，是挑選能陪伴自己到老的藝術品，他們也可以被稱為名副其實的藝術品「藏家」，好好典藏著，而不是一有價差就想變現獲利，隨時都是「賣家」的身分。

　　在歐洲常有後代子孫發現作品早已價值不菲的案例，因為作品的主人不會隨時查看目前行情，買入作品時不會有以後高價賣出的念頭。由於藝術是絕對主觀性，長輩喜歡的作品，後代不一定也有共鳴，當他們後代想要轉手時才發現作品的市場價值很高了。長輩就算知情，但那也不重要，因為他們已從藏品中得到的心靈富裕及滿足，是再多錢也買不到的無價。

▪ 東西方的藝術觀

　　宗教在歐洲的影響力，自 20 世紀以來，已不如伊斯蘭或佛教人士那麼虔誠與強烈。但人們還是需要心靈養分、精神寄託，取而代之的就是藝術。每到週末，美術館排滿了等候入場

的人，他們找到自己共鳴的作品後，就坐著或站著一段時間與之安靜對話，得到靈感及啟發，以因應生活遇到的難題，充飽電後便可回去工作了。藝術在英國、法國、德國、瑞士、西班牙、義大利、荷蘭或北歐等各國，都是神聖且備受尊敬的，每座城市皆有相當數量的美術館，可說是歐洲人的心靈聖殿。他們對於短線套利的藝術投資行為是反感及覺得不文明的。

現今全世界華人，普遍容易把藝術品想成是資產的概念，如同股票，漲幅出現蠢蠢欲動想賣掉，利空投資信心瓦解時，也想認賠殺出，無論是高價或低價，就是要賣掉。他們較不屬於藝術品的收藏家，而是藝術投機者。然而，股票是大家熟悉的投資品項，相關書籍很多，專家在電視頻道分析看盤，甚至愈來愈多人儼然也是專家了，股票投資說得頭頭是道。反觀藝術投資，少有教戰手冊，是陌生的品項。幸運者能有少數幾件獲利，多數的情況是有價無市。

在歐美地區，即使經過半世紀，能真正獲利的藝術品也是少之又少。歐洲每一個國家都有許多拍賣會，藝術品成交

價不到 1,000 歐元比比皆是，藏家提供作品給拍賣公司，純粹是為作品找下一位主人（直接丟棄也是可惜），而不是獲利了解。藝術品如同車子或家具，折舊是正常的。然而，只有相當少數大幅獲利的案例，才會被華人媒體報導出來，這對於從小極少接受藝術教育的華人，會誤以為藝術品是高獲利的投資標的物。

▪ 藝術真的適合投資？

若我們硬把藝術品當成股票來投資，並且期待最後總和結果是獲利的，只有一個方式，就是「24 小時看盤」，且必須要有豐富的貨源及賣出管道。一旦有價差，即使是 10% 的利潤，就必須透過對應合適的管道立即賣出。比方一位中國當代藝術家的作品，出現在日本一間不受矚目的拍賣會，買家低價購得作品，再以較高價在香港拍賣會場賣出，但可能仍低於這位藝術家的市場平均價。華人地區，在市場上能夠流通的藝術品，價格起伏的變因很多複雜，任何風吹草動，都可能造成影

響。此外，藝術投資者的標的物，至少需有「流通性」，但絕大多數在藝術博覽會或藝廊展覽的作品，永遠都沒有二級市場的機會。

　　藝術家創作藝術作品，本來就不是讓大家來投資的，而是給予共鳴者一個心靈上的交流與喜悅，知情且善用者，就能得到快樂；若無，即使買了一屋子的作品，還是會鬱鬱寡歡的。此時，他們就必須把心靈寄託在有緣分的宗教與信仰，因為人畢竟是血肉之軀，一有人間的狀況，就容易產生負面情緒，並伴隨著創傷。

高價作品可能被仿製,證書的仿造更簡單。

保證書的迷思

歐美藝術家原先沒有開立原作保證書的習慣，
近年也開始逐漸受到華人市場影響，
畢竟本地的多數買家都會在藝術品價差出現時，
想要轉手藝術品賺錢，因此證書對他們來說很重要。

畢卡索有親簽保證書？

20 世紀時，全世界絕大多數作品的交易，沒有附帶藝術家的親簽保證書。因為買家只是單純買一個無價的「心靈喜悅」──人類文明的高度行為。證書似乎就顯得多餘了，「花錢買的是一件作品，不是一張紙」。

在台灣及部分華人地區，證書被格外重視，有一些考量：

1. 贗品

作品能夠被仿製，證書只是印刷品，仿造更簡單了。一直以來，只要是成名的華人藝術家，證書也連同作品一起被仿製的情形已見怪不怪了。要杜絕贗品，還是得由畫廊及拍賣行秉持良知及專業去把關，匯集成一個成熟的市場。此外，一級市場的作品流向可以建構完整，每一件作品的收藏者都有紀錄的話，沒有的資料作品就可能是仿製的。

2. 作品以後好轉手

藝術品對於全世界多數華人來說，是一個投資的品項，短

期投資性強的作品更受歡迎。所以，證書可以讓一件作品有更好的轉手價，有些人則認為證書是真跡的象徵。然而，在藝術家爆量的今日，若他們沒有被妥善執行包裝行銷，就算一件作品擁有十張證書也是枉然。

3. 增添作品的附加價值

賣方為了取信消費者，會特別強調證書的精美，甚至不斷告知買方證書上有「藝術家（或大師）親簽落款」。其實，若坊間畫商常藉由證書來加持，表示作品可能本身的說服力是不夠，當藝術性不足時，只好特別強調證書——厚厚的證書、可翻頁，甚至鑲金之類的，但其實只要增加幾百元台幣的印刷費就有了，卻可以讓買家感到有那麼一回事。

歐美藝術家原先沒有開立原作保證書的習慣，近年也開始逐漸受到華人市場影響，有了一些證書風氣，尤其是擁有華人市場的藝術家。再者，西方的買家，多數人沒有藝術家成名（投資）的預期心理，而他們的畫商來到華人地區，也會入境隨俗提供證書。畢竟本地的多數買家都會在藝術品價差出現時，想

要轉手藝術品賺錢，因此證書對他們來說很重要。

　　藝術在已開發地區：大家討論的是德‧庫寧（Willem de Kooning，1904-1997）、趙無極（Zao Wou-Ki 1920-2013）或常玉（Sanyu 1901-1966）的作品，能帶來什麼省思？當時的時空背景如何？什麼樣的原因造成如此獨樹一幟的風格？

　　藝術在開發中地區：大家討論的也是趙無極等人，拍賣最高價是多少？未來還會再漲嗎？以前是多少錢？哪一位收藏家也有，接著大家投以羨慕的眼光。

　　此外，關於贗品，我們不是去看證書，因為後來成名的藝術家早年幾無證書，而人們需要關切的，是「作品來源與著錄資料」。若是作品來源不清，通常賣價也不會高。另外，天價行情的藝術家，都有相當多的贗品，防不勝防。買家無法鑑別作品真偽的話，建議他們向有國際信譽的拍賣行買，因為同一位藝術家的作品，他們能取得的貨源很多，而少數最後進入拍賣會裡的，通常經過較嚴謹的把關。當然，難免還是有贗品流

到拍賣會裡，只是機率較低，而更重要的是，買家以後轉為賣家時，作品比較容易轉手，因為作品來源是「國際信譽」的拍賣行。

折扣可促進銷售，但也可能是為了清倉。

折扣

如今的成名藝術家，他們初入藝術市場時，
也曾有過低價、乏人問津的時候，當時折扣也會較多，
但會在此時就買入作品的人，永遠都是極少數。

華人地區（中國大陸、香港、東南亞及台灣）藝術一級市場的作品定價雜亂，折扣通常也是沒有規則可循。

由於華人買家越來越多，無所不在，已發揮了其「影響力」，尤其是被認為已成熟的歐美藝術市場，某種程度也受到動搖。歐美市場已飽和，而華人藝術資金潛力仍然無限，故其作用更大。

提供藝術品的人很多，包括實體空間的藝廊、線上藝廊、獨立畫商、藝術品顧問公司、藝術家本人或其親友……等。當然其中也有專業度的不同，讓作品的賣價與折扣顯得雜亂無章，使剛踏入藝術市場的人霧裡看花。

▪大膽向藝廊要求折扣

買家向藝廊或畫商詢價時，我們可大膽要求 20% 以上的折扣，原因有二：

1. 大多數華人藝廊把藝術家當商品，完全沒長期經營的企圖，不符時宜可隨時換掉，傷害的就是已買入作品的收藏家。

2. 有些藝廊會先調高價格後再報價。

上述的兩種情況在華人地區是普遍性的，不少賣家是生意人，不是藝術人，無藝術的涵養及專業，有些甚至稍縱即逝。

所以，新買家為了保護自己，「殺價」是必須的，但同時必須了解賣方是否有經營藝術家。

「經營」一位藝術家，自然會產生出展覽、藝評、行銷廣告、藝博會曝光、座談會、出版物及異業合作，上述所費不貲，作品的折扣自然就不多了，但藝術家的能見度會較高，市場競爭力強，買家也會較多，使作品有更好的市場競爭力。被「經營」的藝術家，即使與藝廊不再合作，也會有其他藝廊爭相接手。全世界的藝術家，幾乎很少會在同一間藝廊從一而終，一生中歷經多間藝廊是常態。然而，若他們有幸在懂得「經營」藝術家的藝廊待過，曾經有被專業的行銷包裝，被所有人及藝

廊看見，即使後來藝術家與藝廊結束合作關係恢復單身了，也很快會有另一間藝廊的緣分出現。

　　華人地區的專業藝廊還是有的，但是少數，他們會長期經營一位藝術家（10 年以上），因此價格及折扣較為恆定及制度化，此時就難有較大的折扣機會及空間，甚至完全沒有折扣（供不應求），買家若不明白這一點，就會錯失許多被長期經營藝術家的好作品（市場競爭力較強）。

▪藝廊為何折扣很多

　　當發現一家藝廊的「折扣很多」，可能常出現二種情況：
　　1. 藝廊不再經營的藝術家，緣分已盡時，作品折扣就會有鬆動的可能。
　　2. 滯銷品，常出現的現象如下：
　　—— 一場藝術家的個展，有些作品人氣高，但也有乏人問津的作品。

——藝術家的全部作品都無買氣。

因此，藏家若買到很多折扣的作品，若無關投資單純喜歡，這也是很好的。但他們如果在意作品的未來市場價值，最後常是事與願違，因為很有可能是藝廊沒有費心經營的藝術家或人氣低的作品。

如今的成名藝術家，他們初入藝術市場時，也曾有過低價、乏人問津的時候，當時折扣也會較多，但會在此時就買入作品的人，永遠都是極少數，尤其在著重投資的華人市場。不過，由於這樣的收藏心態較單純，沒有投資的想法，因此他們擁有作品的喜悅反而是很大的，心裡毫無預設未來潛值，所以收藏沒有壓力。

藝術博覽會的作品很多,
眼花撩亂,奇異的作品能獲得最多的鎂光燈。

行銷包裝

「搞怪」可以短時間匯聚人氣，
但若沒有足夠的論述條件（內涵），一樣是曇花一現，
明日被更多的「搞怪」給取代。

　　「獨特」、「論述性」及「國際相通語彙」，使得一件「好的」作品，「可以」擁有全球市場，而不是侷限在自己國家的一個區域市場。

　　然而，這只是拿到一張進入國際市場的門票而已，擁有同樣資格的人，可能超過百萬，如何被看見？已不是作品本身問題了，而是行銷包裝。

　　比方說，兩位藝術評比不相上下的藝術家，其中一位印製畫冊 500 本，作品藉此進入市場，因此將有 500 個人能看到他的作品。

　　另一位藝術家，把原本畫冊的預算，放在網路行銷，而今天完成的作品，明天就能被 1,000,000 人看見，並再經由社群功能傳播給無限多人。

　　因此，利用搞怪及標新立異的影音，就有可能短時間吸引全球的目光。

　　20 世紀的藝術家，是靠著一場又一場的展覽，以及一本

又一本的畫冊，經過 10 年、20 年甚或 30 年，逐漸被世人知道，後來才有機會成名。

21 世紀的藝術家，若能善用網路行銷，就能在 5 年內成名，作品行情一日千里。

只是在今日藝術家數量爆炸的年代，僅懂得使用網路，也還是不足的。二戰已離我們越來越遠，衣食無虞的地方有增無減，人類擁有最基本的溫飽，創作的人很多，無論是音樂、文學或美術皆然，網路上的作品滿坑滿谷，如何被看見使之脫穎而出，還是最重要的課題。

有些藝術家先以行為藝術或裝置錄像類的作品，搞怪另類，吸引媒體目光，先成名後，再推出易收藏的平面或立體媒材的作品。

「搞怪」可以短時間匯聚人氣，但若沒有足夠的論述條件（內涵），一樣是曇花一現，明日被更多的「搞怪」給取代。

▪行銷包裝前的思考

在資訊一樣爆炸的 21 世紀，多數人容易喜新厭舊，容易遺忘過去，對於任何事物，都是短暫記憶。今日滑手機看過 100 位藝術家作品，明天可能又看了另 100 位，後天也是，但早已忘了上週看了哪些。假設觀者去年看了 5 場藝術博覽會、數千件作品，經過一年，還記得的可能不到 5 件，其中 4 件會是搞怪的作品。

所以，行銷的策略必須是計畫性，至少 10 年的周全安排，對於突發狀況也有應變的預期計畫。當然，這些事情不可能由藝術家本人來做，而是他背後的經營團隊。藝術「經紀」在今日，只有更重要了，因為相當競爭，所以挑戰性更大。

在日本，以藝術家為職業的人數以萬計，而村上隆的作品行情，目前是公認的前三名。難道這位藝術家作品的藝術評比也是萬萬人中的前三名？

　　藝術很主觀，見仁見智，他的作品評比若是 47 名或 820
名的話，其實也是很好的了，名次很前面，但至少他的藝術行
銷與包裝是前三名。

　　就算是藝術評比第一名的藝術家，若沒有行銷，一樣不為
人知，作品不會有市場價值。相反的，若有很強的行銷包裝，
但作品的「獨特」不足、「論述性」有限，也是枉然。雖然強
力行銷可製造作品的市場熱度，價格往上走，但總有一天會遇
到瓶頸。因為各種評價排山倒海而來，若無能耐，負面訊息接
著出現，影響觀感，市場價值就此止住，甚至作品開始拋售，
轉而供過於求，每下愈況。

　　因此，行銷包裝的前提，作品必須要夠好，才能達到效
果、細水長流。

Kaws 帶動華人收藏新品味。

華人概念股

多數華人沒有想過買一件藝術品陪自己到老，
他們認為有價差時就應該脫手。
因此，除了自己喜歡的風格外，更需要有「投資感覺」……

　　「華人」是指全世界說華語的人，包含中國大陸、香港、新加坡、東南亞華人、台灣及居住在世界各地的華人，雖然他們的社會背景可能不同，但對藝術的「偏好」卻是非常雷同的。

　　全世界的畫商都知道，21世紀的藝術市場，就是華人的市場，來自華人的資金最多，且「又快又猛」，尤其是中國大陸，但要如何賺他們的錢呢？

　　「華人概念」，華人有自己偏好的作品，畫商要在比較與了解之後，才能賺到他們的錢。

　　目前華人喜歡的藝術品主要有兩項：

　　1. 投資感覺　2. 容易看懂

▪ 投資感覺

　　早在21世紀初，就有許多西方畫商前仆後繼前往北京及

上海淘金，但多數鎩羽而歸，且不明白原因何在。西方人以為自己喜歡的，華人應該也是，結果在北京展覽時，買作品的還是西方人。香港及台灣畫商較能理解華人偏好的作品，就是有「翻倍賺錢」的潛力。當時在中國大陸內地的展覽，若沒有「投資感覺」此項因素，即使再便宜，也不會有人買；一旦「感覺」很強烈，再貴也是一掃而空。

起初，西方畫商不太知道如何製造「投資感覺」，因為在歐美地區，藝術家只要獲得學術高度肯定，得到透納獎（Turner Prize）或入選威尼斯雙年展（義大利語：La Biennale di Venezia），作品就能得到市場，但在華人地區獎項不一定有用。

到了 2022 年，擁有投資想像空間的作品，還是市場資金的主力。

多數華人沒有想過買一件藝術品陪自己到老，他們認為有價差時就應該脫手。因此，除了自己喜歡的風格外，更需要有

「投資感覺」，否則光是喜歡，永遠都買不完。1、2 萬台幣、便宜的作品勉強可接受，但若要花上 20 萬或更貴，沒有投資誘因的話，寧可把資金放在股市或購買實用的商品（名錶、紅酒或服飾）。

▪容易看懂

　　全世界的華人，格外重視孩子的學業成績，尤其在西方國家，華人功課不好的話，就可能遇到更多的歧視。因此，填鴨式教育最能確保孩子的成績不會太差。然而，他們長大後接觸藝術時，自然不習慣藝術的天馬行空，對於多數「看不懂」的作品，只想聽導覽，無法自己自由思考。

　　因此，「容易看懂」的表象作品，最能與他們相通。寫實畫、印象派及 21 世紀後的卡漫風皆是，尤其近十年來的華人藝術市場主流，幾乎就是年輕藏家世代的卡漫類，包括塗鴉、潮流、可愛及卡通類型。如果同時有「投資感覺」，這樣的作品立刻成為市場的當紅炸子雞。不若西方人的「個人主義」，

現階段華人的「盲從」習性非常鮮明，如此加乘之下，瞬間能造就一位藝術家的大市場。

反而需要思考的作品類型，如觀念藝術、行為、錄像新媒體或裝置，在華人市場目前多屬於「叫好不叫座」的狀況。

此外，許多人發現，人們的生活步調無形中更快速了，從早忙碌到晚，而各式浮誇與虛實的訊息，不斷從資訊產品散播出來，轟炸我們的大腦，沒有喘息的空檔，以致人們變得更沒耐性了。若一件作品需要花時間去安靜思考，現在多數華人習慣直接略過，然後立刻被「卡漫又可愛」的圖像給黏住，畫商趁勢再以「投資話術」導入，然後便完成了一次作品的交易。

華人概念股只是一個現象，沒有對錯。然而，藝術是絕對主觀性，而且是非常私密的。我們面對藝術時，盡量避免受他人影響或追逐流行（活在他人之下），自然會找到與自己完全對應的藝術品，從中得到前所未有的大滿足，再進階去欣賞他人有共鳴的作品。

下一位

在藝術家爆量之際，市場更加競爭，
藝術行銷手法越來越多元、推陳出新，目的只有一個，
就是促進銷售……

圖：《血緣 — 大家庭：全家福 2 號》1993
張曉剛／中國

　　梵谷（Vincent van Gogh 1853-1890）過世後成名，畫價水漲船高，以致「死後成名」經常被用於年邁的或離世不久的藝術家，告知買家要及早收購「下一位」梵谷，讓人們有投資的想像空間，但這也不過是商業行銷手段。

　　一些沒有名氣的藝術創作者，也常自詡為下一位梵谷。

　　19 世紀的通信及媒體傳播速度不快，假設一位法國藝術家的作品傳到東歐，可能需要幾年，而當遠東地區的人都廣為認識的時候，或許已過了半個世紀。

　　然而，整個 20 世紀的西洋美術史，「死後成名」的案例其實非常少，多數藝術家生前已有知名度。到了 21 世紀，通信傳媒發達，商業行銷更強大，若一位巴西的藝術家善用網路行銷，今天完成的一件新作，立即能有 100 萬人可觸及，因此「死後成名」更難成立了。一位藝術家若生前默默無聞，離世後更不會有名氣了，就如一般人一樣，只是走完人間旅程。其實每天在全世界都有藝術創作者離世，但也沒有人因此而

成名。

1990 年代的台灣，藝術市場剛起步，被畫商代理的藝術家，以台灣日據時代畫家為主，當時這些畫家有一半剛離世，另一半也都相當年長了，因此坊間常以梵谷為案例來比擬，形成市場間常有藝術家「死後成名」的偏差想法。

▪ 藝術中的商業話術

此外，創作風格上，也常有「下一位」的迷思。趙無極只有一位，無人取代。

過去 20 年來，只要畫風是抽象的，亦常被指為「下一位」趙無極（引誘或陷阱）。但事實證明，大家只會記得最重要的一位，很難產出第二位，更遑論第三位了。

21 世紀初，張曉剛也是指標，不計其數的中國當代藝術

家，也被貼上「下一位」張曉剛的標籤，最後也幾乎是泡沫幻影。

由於第一位的作品行情已高，今非昔比，買家來不及擁有，導致第二位或第三位的作品立即湧入相當多資金，使其價格開始上揚。然而，由於這些資金的動機全為投機性質，故所有被收購的作品會在短時間立即以高價回到市場。真正喜歡作品的人無力擁有，而大量的高價作品又無人接手時，遊戲就此結束。

任何的首創，人們只會記得第一位。登陸月球的太空人中，我們也只知道阿姆斯壯。

奈良美智也是，在其作品的影響下，相關概念全部出籠，只要是大眼睛、可愛、甚至很多的日本當代藝術家，也常被說成「下一位」奈良美智（抑或台灣的、他國的奈良美智）。這亦是商業話術，以吸引消費者買單（投資）。

　　20 世紀的藝術行銷較為傳統，而 21 世紀尤其華人地區，在藝術家爆量之際，市場更加競爭，藝術行銷手法越來越多元、推陳出新，目的只有一個，就是促進銷售，多數人會在不自覺的情況下掏出錢來購買。

　　藝術教導我們的其中一件事，是回到個人絕對主觀、不盲從，作品的共鳴是唯一考量，至於「下一位」的銷售話術，有時候聽聽即可。

《Charles Darwin as a Young Man》2013
亞德里安・格尼／羅馬尼亞
Oil on Canvas, 45x43cm

Adrian Ghenie

藝術作品的高度市場價值，
往往連藝術家本人也想不到。

Adrian Ghenie（1977-）羅馬尼亞籍，亞德里安・格尼（蘇富比中譯名）或艾德里安・格尼（佳士得中譯名）。

華人地區少有人知道這位藝術家，但由於他的作品行情成長快速，隨著拍賣公司引進至香港，關心市場動態的人會率先認識 Adrian Ghenie，接著就是普羅大眾了，而我們的下一代將會普遍認識這位藝術家。

Adrian Ghenie 現年 45 歲，每年的新作發表價格 1600 至 2400 萬台幣，一件難求。作品在香港拍賣，可以拍出 2 億台幣以上。

Adrian Ghenie 作品主要特徵是扭曲及模糊不清的臉，可能剛好是西方人偏好的口味，亞洲人跟著買（投資誘因居多），拍賣公司相當了解各地市場的習性。他的背景是東歐社會主義戰亂及創傷，這是西歐與北美熟悉及感興趣的（沉重負面的題材）。

　　若他是未成名的藝術家，這類風格的畫，在台灣即使只有幾十萬台幣，應該也是賣不好，多數人不會想把類似模糊不清的臉掛在家裡，也要顧及長輩是否會嚇到。

▪社會主義概念的作品也能翻倍成長？

　　若是提到社會主義概念的作品，很多人會想到中國大陸改革開放後第一代藝術家，或稱為政治波普（Political Pop）。這類作品也是西方人感興趣的，20 世紀末引進歐美國家，即造成轟動，因為這是資本社會產生不了的作品。隨後 21 世紀初，中國經濟升至一個高度後，產生出相當數量的投資人口，開始操作西方人喜歡（加持認證）的中國藝術家，使這些藝術家的作品行情陸續翻倍成長。但由於作品的市場經營成熟度不足，以致後來多數藝術家的作品偏向有價無市，難以締造更高的市場價值。

　　但西方的藝術市場發展行之多年較為成熟，代理 Adrian

Ghenie 的藝廊，能把泡沫化的風險降至最低。若干年後，待華人世界普遍認識他之時，預估作品行情將可達 3,000 萬至 1 億美元。他的作品常被拿來與法蘭西斯‧培根比較，後者在 2021 年以前作品最高成交價約 1.42 億美元，

　　不像台灣，羅馬尼亞其實沒有藝術的內需市場，故 Adrian Ghenie 從德國發展（歐陸當代藝術最強之地），進而蔓延各地。他的作品藏家全是外國人。以下分享他在拍賣會場的行情紀錄：

《*Nickelodeon*》
oil, acrylic and tape on canvas (in two parts)
each: 238 x 207cm. (93¾ x 81½in.)
overall: 238 x 414cm. (93¾ x 162 7/8in.)
Painted in 2008
預估價：1,000,000 - 1,500,000 GBP
成交價：7,109,000 GBP
倫敦佳士得秋拍 6 October 2016（戰後及當代藝術晚間拍

賣 Post-War & Contemporary Art Evening Auction）

　　這一場倫敦拍賣會，Adrian Ghenie 當時年僅 39 歲，但作品拍出高行情，且成交價高出預估價多倍（這在西方市場是不多見的），自然成為眾人討論的焦點。尤其在滿坑滿谷的西方藝術家，為何是他？當然原因不會只有一項，而且已有許多文章分析報導，我們大抵上只能說是機運，可遇不可求。藝術作品的高度市場價值，往往連藝術家本人也想不到。

　　西方知名拍賣會的藝術家，多數是持平或穩定發展，較少有翻倍成長。若是如此，華人藏家必定很感興趣。因此，Adrian Ghenie 的作品很快地出現在香港的拍賣會場了，預估價已不低：

《 *The Collector I* 》

oil on canvas

200 x 290 cm. (78 3/4 x 114 1/8 in.)

Painted in 2008

預估價：45,000,000 - 65,000,000 HKD

成交價：65,975,000 HKD

香港佳士得春拍 24 May 2021（二十及二十一世紀藝術晚間拍賣 20th and 21st Century Art Evening Sale）

《 *The Trip* 》

oil on canvas

240 x 199.8 cm. (94½ x 78　in.)

Painted in 2016

預估價：39,000,000 - 49,000,000 HKD

成交價：48,026,000 HKD

香港蘇富比春拍 19 April 2021（當代藝術晚間拍賣 Contemporary Art Evening Sale）

截至目前為止，一件作品的「藝術」價值仍多由西方人來決定，而「市場」價值則由亞洲人創造。

卡漫來自理論思想，還是只是卡通與漫畫？

《哭泣的女人 A crying woman》60s
羅伊・李奇登斯坦／美國

卡漫？藝術？

硬是把卡通搬上藝術殿堂，
由於沒有理論在先，算不算是藝術自然可以爭論。
若是所有通俗都能搭著普普順風車進到藝術市場，
那買家可能永遠也買不完了！

藝術還是卡通？讓所有人都搞混了！

普普藝術（Pop Art）為 20 世紀 50 年代源自英國，來自藝評家勞倫斯·阿洛威（Lawrence Alloway 1926-1990）所創造的詞，後來在美國落實與普及，安迪·沃荷及羅伊·李奇登斯坦都是代表人物，探討通俗與藝術之間的關係，在當時引起極大的爭議與話題，顛覆原本人們對藝術的看法，也影響了日後藝術家的創作。使得後來類似卡通的作品常被當作藝術，但其實許多可能真的只是卡通而已。

先有了理論後（普普觀念，通俗與藝術的連結），再藉由這樣的想法衍生出作品，因此自然引起諸多討論。

若原先以單純卡通為出發，後來受到普普藝術的影響，硬是把卡通搬上藝術殿堂，由於沒有理論在先，算不算是藝術自然可以爭論。若是所有通俗都能搭著普普順風車進到藝術市場，那買家可能永遠也買不完了。此外，當一件作品進入市場，有幸被強力包裝行銷，熱度產生，價格往攀升時，也同

時會受到檢視，尤其能拿出大把現金的人，會考慮更多，詢問各方意見；此作品創作的動機是來自空前的理論想法？還是頂多只是表象而已？

華人地區的藝廊或拍賣會，多數時候是市場導向，買家想要什麼，就努力找相關性的「貨源」供應，畢竟賣作品的單位不是藝術教育機構，而是一個銷售的平台。

甚至有些美術館為了讓更多人進入參觀，也會在寒暑假規劃推出動漫展覽，讓有些人能在一年之中，有這麼一次機會進去觀賞。

▪ 你買的是回憶還是藝術？

45 歲以上的人，經濟方面較有餘裕，當他們看到小時候的卡通作品時，美好回憶立刻湧上來（感動），便可能拿出大把鈔票買下一幅卡通作品。

　　每一個時代當時流行的卡通可能不同，小學同學間沉迷與討論的卡通，常與他們父母小時候的不一樣。因此，當世代更迭時，原本藝術市場上的卡通作品，就會逐漸過時。父母常會將他們小時候所喜歡的卡通，硬是塞給成長中的小孩，但孩子的反應可能不是很興奮，卻也只能默默接受。

　　隨著時間在走，流行文化或喜好總在不知不覺中跟著轉變，卡通就是其中一項，如此而已。有些卡通或圖案跨越兩代，會持續延用，但不一定是孩子最感興趣的，原因可能在於內容上稍顯過時。比如，20世紀的卡通角色，對於現代孩子來說，就只是傳統生活日常，沒有最新的流行詞彙。21世紀的角色背景不同了，他們進入網路、虛擬及未來世界，擁有空前的新一代魔法。當前的小學生也可以接觸到過往的「科學小飛俠」，但今日的《鬼滅之刃》更有魅力。漫畫製作已全球化且相當競爭，他們會不斷研發創新角色，配合影視、遊戲及相關宣傳，對於正值小學階段的人來說更具吸引力。

　　此外，20世紀與21世紀的華人孩童在經濟上是不同：

20 世紀的小孩要趕快長大出去賺錢，把錢寄回來；21 世紀的小孩，長大時已有一筆存款。但他們也有相同之處，成長過程偏重學業，不重視藝術教育，這也可說是全世界華人孩童共同的問題。

當這些孩子長大能自由花錢添購藝術品時，多數人會買那些表面功夫較多、容易懂的「類似」藝術品，而需要思考但永遠百思不解的觀念，甚或是 20 世紀的所有藝術，可能就需要日後和藝術的機緣。

多數華人買家都在本世紀才陸續接觸到藝術，由於從小沒有扎實的藝術教育，長大後自然容易游離於藝術表層或被市場引誘，但這都是階段性。一段時日後，整體環境愈加成熟，我們的藝術想法也會進階至另一層次。

藝術品的市場價值，取決於供需。

藝術品的市場行情
= 需求量多寡

華人地區的藝術品買家，
多數都在意自己的收藏品未來行情，
同時也會評估那些尚未收藏、但感興趣的品項，
然後從各方角度去衡量以後的價值。

如何提高機率遇見那些「稀有」藝術品呢？

我們可以擁有一個簡單邏輯：若一位藝術家的作品，老是推銷、甚至硬塞給台灣藏家，那麼這位藝術家的市場就是小，藏家少，可能只有台灣幾位而已（供過於求）。由於市場小，華人期待的作品市場價值也有限度。

再從另一個角度看。如果藝術家的作品產量明明就很多，但藏家卻感覺不到賣方的推銷壓力，甚至不太想賣時，那麼這位藝術家的作品需求者就是很多，藏家群龐大（供不應求）。

假設一位藝術家只有 10 位固定藏家，作品的市場價值就會有限，容易議價。就算人為操作拉抬行情，最終也容易形成有價無市。相反地，若一位藝術家擁有 200 位藏家時，作品就容易流通，代表作的行情價更高（競逐），市場價值自然呈現，也不需要人為運作了。

所謂的代表作，是成名藝術家的重要性作品，總是少量

的，但經由藝評、媒體、論文、回顧展及書籍的不斷曝光，不知不覺烙印在人們心中。因此，只要其中一件出現於市場，重量級美術館或收藏家必定想納入典藏，造成多搶一的局面。然而，如果一件作品的開價超過市場的預估行情，就會造成原本躍躍欲試的買家打退堂鼓，供需之間回到平衡狀態，代表作還是有可能流標（有價無市）。

▪ 藝術品的行情，與市場供需密不可分

畢卡索的「代表作」，一旦出現於市場，若開價低，就會造成多人競價、供不應求，最終成交價會高出預估價許多。

成名藝術家的「普通之作」，其數量遠多於代表作，若出現於市場，有能力收藏的買家也較多，最終成交價如何還是取決於一開始的預估價。

成名藝術家的「習作或來源不明之作」（有贗品的疑

慮），數量也可能很大，雖然開價不會太高，有能力收藏的人也多，但他們不一定會列入考慮，因此多數作品可能會是有價無市（供過於求）。

華人地區的藝術品買家，多數都在意自己的收藏品未來行情，同時也會評估那些尚未收藏、但感興趣的品項，然後從各方角度去衡量以後的價值。

藝術品的未來行情，攸關於現在及未來人類願不願意典藏。

在華人地區，藝術品的市場操作（或炒作）很普遍，也是一種行銷包裝策略。在操作一位藝術家的市場之初，認識這位藝術家的人很少、買家不多，作品的價格可藉由商業操作而上升（假人氣），若能成功製造熱度，需求就會大增，順勢轉為「供不應求」的自然現象。相反地，若操作不當或虎頭蛇尾的，即使作品的高價因為「人為因素」而產生，也會形成有價無市（供過於求）。

全世界的未成名的藝術家滿坑滿谷，每天都有許多藝術

家不再創作（離世或轉業），但亦有更多的藝術家出道。代理這些藝術家的藝廊亦是不可勝數。不過，到了 22 世紀，被記載於世界美術史或成為眾所周知的人，可能是萬萬分之一之稀少。

消費市場，
只要逮住買家喜好，就能給糖吃？

藝術糖衣

任何畫商都能輕易找到「Toy Art」，
甚至藝廊老闆或負責美術的職員也可製作高價玩具。
但也只有不是玩物的「Toy」，
才能繼續留在藝術領域「Art」。

　　「Toy Art」近年在華人藝術市場形成熱絡，玩具可以收藏，但是不是藝術？能否與其他風格的藝術品同台？這一直有所爭議，不過由於市場很大，受到華人地區的年輕買家青睞，蒐集玩具形成風氣。新世代的人，資金充裕下手快，況且他們還年輕，到老之前仍有數十年可買作品，因此未來值得畫商去經營。若 Toy 經由重要的社會人士、拍賣行、藝廊或藝術媒體加持之下，就可能立即擁有一件藝術的糖衣、一看就懂的物件，與很難理解的畢卡索作品，一起出現於藝術平台上。

　　此時，衍生出的一個問題是，玩具的製造者不再一定是藝術創作背景，而可能是一家設計公司，或是一群容易發想、但不會製作的人，只要交給製造者去執行製作就行了。成品推出時，再以限量或藝術行銷模式包裝，如此就能堂堂打入藝術市場。

　　每年從設計科系畢業的人不計其數，日本的漫畫家也是長江後浪推前浪，每年投入漫畫工業的人更是不可勝數。他們都能自創漫畫卡通新角色，接著發行立體或平面作品，然後與知

名的潮流品牌或公眾人物合作推出，個個精美討喜，特別的包裝設計，限量及拍賣，但好像永遠買不完。

任何形式的藝術都可被接受，但玩具糖衣之下不能沒有深厚的「底蘊」，否則可能都只是一時的流行。

▪ 西方人欣賞奈良美智？

奈良美智的作品，其實很多幼童看到會害怕。這就對了！奈良美智並不是創作給小孩子看的，而是成人，探討的還是嚴肅之話題。敏感的幼童當然會怕，因為與熟悉的卡通不同，而這就是作品價值的所在，只是藝術家剛好使用了類似「卡漫」的外在形式而已，但不是他的原意。

東亞國家受到日本漫畫文化影響深遠，一些人在 1990 年代也看過奈良美智的畫，但多數人認為不過是卡通，致使奈良美智往西方國家尋求機會。反而當時的西方人知道奈良美智的

好，如此獨特具有深厚「底蘊」的肖像油畫，是西方產生不了的，尤其二戰後西方人普遍認為油畫已至山窮水盡的地步，許多創作者開始往裝置、新媒體與其他媒材發展，在種族平等之際，他們看到了奈良美智及其他來自第三世界國家的作品，大為驚豔，並給予高度評價。

許多西方人知道奈良美智的藝術不是卡通，甚至有些詭奇及恐怖的耐人尋味，多數華人的小孩也一樣，他們也知道奈良美智的作品與卡通是不同的，但許多華人成人混為一談，無分辨能力。

▪ 藝術不能只有表面

若一位成人，從小沒被長輩引導接觸藝術、給予適當的藝術教育，就很可能被一批只有外表糖衣的作品給矇騙，以為那是藝術。任何畫商都能輕易找到「Toy Art」，甚至藝廊老闆或負責美術的職員也可製作，包裝一下就可推出了，誤導不少成人。但也只有不是玩物的「Toy」，才能繼續留在藝術領域

「Art」。幾十年期間，會有無數的 Toy Art 問世，百年後若有記載，也只有極少數會被提及，而多數在一陣流行後就會消失。能夠留存的物件，必定有其值得探討的話題，而不單只是物件本身。

寫實油畫亦然，只有美美的表面功夫沒有底蘊，也不會留到未來。因此在 20 世紀的百年間，有不計其數的寫實畫作，但被列入世界美術史的是微乎其微。有些人會嘖嘖讚嘆寫實油畫，格外喜歡，殊不知只是因為他們不會畫畫，所以特別欣賞會畫畫的人，尤其技巧高超的寫實畫，但藝術還是不能只有表面。

抽象也是。抽象表現主義（Abstract Expressionism）出來後，市場成功，世界各地都在瘋狂創作抽象，但多數也是無深厚底蘊，只是為了抽象而抽象，非常造作。

藝術與人一樣，若只有漂亮或帥氣的外表，沒有內涵「底蘊」，相處久了也就索然無味了。

威尼斯雙年展

截然不同的文化：
一手市場 & 二手市場

台灣藝術市場，一手市場與二手市場是不同的文化，

經常逛畫廊展覽的人，其中許多人不去拍賣會買作品；

經常到拍賣會買作品的人，不少人對畫廊展覽沒有興趣。

　　畫廊為藝術家舉辦展覽，銷售他們的作品，展期常在一個月，參觀者頂多數百人，會有一些作品被收藏。很多台灣畫廊皆知道，作品銷售成績好的藝術家，他們作品一旦進入拍賣會，能夠順利成交就已不錯了，不奢望能複製相同的高人氣。美術館的展覽亦然，藝術家是無比榮幸能在美術館展出，若他們的作品由畫廊來銷售，是會有人收藏的，但在拍賣會上，又不見得能得到買家的青睞。

　　李小鏡（1945-）在海內外展覽無數次，2016 年臺北市立美術館舉辦了「李小鏡回顧展 2016/05/21 - 2016/08/14」，過去以來他的作品在一手市場銷售成績還不錯。香港佳士得有一件李小鏡《十二生肖》作品（2016/11/27），亞洲當代藝術（日間拍賣），最後是流標。在香港佳士得的預展中，看過李小鏡作品的人肯定比在畫廊還要多倍，且收到拍賣圖冊的人也多，加上網路瀏覽的，總共數以萬計的買家看過李小鏡作品，卻沒有一人舉牌。李小鏡的作品在一手市場能售出，但為何在擁有更多重量級買家的二手市場無法售出？同樣的，2016 年臺北羅芙奧拍賣，春拍與秋拍共有 6 件李小鏡作品，5 件流標。「李

小鏡回顧展」完全沒有加持到藝術家的二手市場。

　　李小鏡的國際展覽不計其數，包括德國檔展、美國聖安東尼美術館個展、上海雙年展（上海美術館）、奧地利電子藝術節（大會主題藝術家）、英國 Whitstable 雙年展（大會重點藝術家）、德國 Stadtische 美術館、奧地利 Landes 美術館、威尼斯雙年展、變形（倫敦科學博物館，主題藝術家）、因數（巡迴於美國伊利諾州 Block 美術館、柏克萊美術館、西雅圖 Henry Art 美術館）……等，過去以來的這些展覽也無助於藝術家在二手市場的行情。

▪ 為何近年的台灣藝術家作品少在拍賣會上？

　　台灣一年之中有無數的藝術獎項，「台北美術獎」是台灣公認藝術獎項最高的榮譽之一。從 2001 的台北美術獎至今，已誕生許多首獎得主，他們之中有些人的作品在畫廊銷售不俗，但只要進入拍賣，不是流標就是低空飛過，「台北美術

獎」的光環在拍賣會無法有任何作用，甚至多數藝術家的作品不曾進入拍賣會。

歷年許多受邀參加威尼斯雙年展「台灣館」的藝術家，他們在拍賣會都沒有出色成績，多數藝術家作品也不曾出現拍賣會。

因此，台灣的一手市場與二手市場是完全不同文化，二手市場重視的是「投資感覺」，投資利多的作品才有機會在拍賣會產生競拍的熱度，否則，再怎麼顯赫的展覽資歷或輩分，即使 10 萬人看過拍品，也可能不會有一個人購買。

台灣藝術市場，經常逛畫廊展覽的人，其中許多人不去拍賣會買作品；經常到拍賣會買作品的人，不少人對畫廊展覽沒有興趣。

反觀歐美地區，一手市場與二手市場文化比較相近，在畫廊、美術館及學術界受到肯定的藝術家，他們的作品人氣可複

製到拍賣會上。2017 年的紐約佳士得秋季拍賣，藝術學術界
紅人辛蒂‧雪曼（Cindy Sherman，1954-）共有 5 件影像拍品，
全數皆順利成交。西方收藏家的作品，藏了半個世紀是正常
的，因此就無關「投資」問題了，一手市場與二手市場的成績
一致，單純反應市場「供需情形」，而不是「投資感覺」。

關於一手市場與二手市場

一手市場：作品來自藝術家本人，亦可稱為一級市場。

二手市場：作品來自收藏者，亦可稱為二級市場。
　　　　　　少數炙手可熱的在世藝術家，作品會直接送進二手市場，交由
　　　　　　眾多的買家競價。

喬治‧伯恩（George Byrne）的作品
於 2021 台北國際藝術博覽會。

藝術博覽會

藝博會的功能很多，端視每一個單位如何去善用。

因此，藝博會有其存在的必要，

而觀者自己去參觀時，也需要有一些概念及判斷。

藝術博覽會（簡稱：藝博會 Art Fair），在經濟繁盛的時代，舉辦的數量相當多，並在世界各地展開。

藝博會有其功能性，參與展出者，多數是以藝廊為單位，他們前往藝博會的目的有大致有：

1. 完全銷售

藝廊會想知道一場藝博會可能帶來的參觀人數？這些人當中，購買的實力又是如何？藝博會主辦單位，常是報喜不報憂，因此藝廊也會去詢問過去曾參展的單位，了解他們帶去展覽的作品及最後銷售成績。若藝廊決心要從藝博會中得到高利潤，他們不一定會帶平時合作的藝術家參展，而是目前市場交易最熱絡的作品。

2. 試水溫

藝廊合作的新藝術家，不知他們是否受市場歡迎，因此會藉由藝博會試試市場的反應，再決定未來的合作（如：舉辦個展、獨家經紀）。

3. 個展

藝廊只展出一位藝術家的作品，避免多位藝術家的作品在一個空間互相干擾，使觀者專心於單一位藝術家。

4. 找客源

藝廊展出、甚至借來重量級藝術家的天價作品，可能只展不售，其主要目的是藉此釣出重量級藏家，成為藝廊未來經營的對象。

5. 市場炒作

藝廊的展位，所有作品在預展期間就已銷售一空，藉此吸引媒體報導與民眾關注，展現高人氣，有助於日後市場的操作。

6. 出租展位

由於多數藝博會的參展資格是藝廊，不是藝術家個人。然而，廣大的未成名藝術家，也希望能有作品在藝博會亮相。因此，一些藝廊會向藝術家們收費來支付場租，花最多錢者，能

展出最多的作品，藝廊反而不需負擔費用。表面上是推廣藝術家的作品，但其實藝術家都還是得靠自己謀生，平時努力經營人脈，藝博會時把他們帶入參觀，而藝廊則坐享其成，吸收這些人脈。這樣的關係不是長久之計，所以一段時間後，花錢參展的藝術家就會消失於藝博會，但又會有另一批藝術家付費進來，源源不絕。

7. 展覽＋銷售

層級較低的藝博會，參展的藝廊中，很多是「平時沒展覽，藝博才出現」。畫廊內的專業展覽相當燒錢，展期又長，以致有些單位選擇到處參加藝博會，因為可以只有買賣，不需要策展。雖然各家藝博會規定，參展藝廊的前一年必須至少舉辦三場展覽，但藝廊其實只要交出三場常態展，挾帶老闆及友人的收藏展應付了事。此時，層級較低的藝博會也有場租壓力，所以最後也只能默默接受。

8. 旅行

有的藝廊會藉由藝博會的機會，到當地旅行，目的不完全

在參展。尤其是飯店型藝博會更適合，直接睡在展位，省了住宿費。

9. 無實體空間的藝廊

一些畫商及藝術家的經紀人，沒有實體的展覽空間，便可經由藝博會展出原本放在網路虛擬空間的作品。

以上，藝博會的功能很多，端視每一個單位如何去善用。因此，藝博會有其存在的必要，不太會消失，而觀者自己去參觀時，也需要有一些概念及判斷。

▪ 參與藝術博覽會的考量

此外，藝廊參不參加藝博會，也有其顧慮：

1. 自己的藏家被其他藝廊帶走。此故，多數藝廊在藝博會前，先提供參展作品給重要藏家先過目及購藏，讓他們在藝博會期間「不一定」要參觀，就算去了，看到其他藝廊的心怡作

品，但已經沒有太多預算了。

　　2. 索性不讓重要藏家知道藝博會。藝廊默默參展，但不主動告知他們的重要藏家。

　　3. 全程作陪。藏家還是去了藝博會，藝廊派人全程陪同參觀，避免自己的人脈被帶走。

　　4. 參展名單。藝廊申請藝博會前，常會參考近年參展單位，再決定是否參加。若參展單位中，「不太專業」的藝廊占了多數，「專業的藝廊」就不會參展。「專業」的認定標準，大抵上就是藝廊內平時的「辦展水平」及「對外形象」。

　　藝廊在自己館內舉辦展覽，展期長、參觀人數少，但能使藝術家的作品在安靜的環境中被觀者專心欣賞。藝廊的作品展於藝博會，能在短時間被最多人看見，但多數是走馬看花。此外，近年受疫情影響，人們不知不覺習慣從網路去瀏覽藝術家的作品，使得藝廊的館內展覽減量了，並設法提升線上展出及交易的機會。

沒有畫框與掛線的畫，真實呈現不受干擾。
奧普海姆（Peter Opheim）的畫作。

裸畫

藝術的價值,是建立在其哲理及思維,
帶給收藏家心靈上的富足,
這才是藝術的愛好者唯一在意的事。

　　裸畫，沒有畫框、鏡面及掛畫線。這是當今畫作展覽及收藏常見的方式，因為不希望畫作以外的東西干擾作品，影響我們與畫之間的對話。

　　100 年前畫家的顏料、畫布或木條總是簡陋，畫作完成後不易保存。21 世紀的繪畫材料提升，加上展場及居家環境衛生也都進步許多，因此畫作的展覽與收藏逐漸擺脫掉不必要的束縛，以最單純的裸畫與觀者面對面互動。

　　畫框：20 世紀流行的古典及華麗畫框，或許適合印象派以前的畫作。自從戰後抽象畫成為主流，極簡主義（Minimalism）也形成，人們更需要靜心欣賞作品，畫作以外的東西慢慢簡約，且避免被誤以為是創作的一部分。即使畫作有畫框，也是簡單的邊條而已。

　　鏡面：有反光的問題，成了觀者與畫作中間的阻礙。展覽時，展場會有人管理現場秩序，避免觀者碰觸到作品。

　　掛畫線：有了畫線，畫作容易向前傾斜，且線條也是干

擾。因此，當代畫作的展覽，展方習慣把畫釘在牆上。

許多華人藏家還是習慣畫作有畫框及鏡面，原因有四：

1. 看起來較名貴

這還是受到外表及價格綁住了。藝術的價值，是建立在其哲理及思維，帶給收藏家心靈上的富足，這才是藝術的愛好者唯一在意的事。如同宗教經書一般，擁有者也不可能使用壓克力鏡面罩封住，因為需要經常翻閱。

2. 裝飾品

華人容易把畫作當作裝飾物，即使是一幅藝術性很高的油畫，掛在牆上，多數人買回來後就不再安靜欣賞了。若是「裝飾畫」，由於沒有藝術價值，不會重複欣賞，所以我們可以使用畫框增添其外在感覺。「裝飾畫」常掛在飯店、企業大型空間，牆面很多，不致於空蕩蕩的。「藝術畫」具有思想且絕對主觀性，不是每一個人都喜歡，通常出現在私人空間，展現主人的個性與偏好。

3. 投資標的物

由於多數華人買了藝術品，普遍認為作品價格增值後可能會轉手賣掉，因此他們認為把畫作封存起來比較安全，以免轉手時的賣相不好。

4. 安全性

有些人擔心畫作沒有鏡面的話，會不小心弄壞了作品。當然，今日的藝術品修復技術都很好了，修復師也多，我們其實不用擔心作品的安全。「看畫完全沒有干擾」及「不想支付修復費」，畫作的主人需要去衡量哪一個比較重要。

不過許多買家把畫作帶回家後，掛出來時會多看幾眼，之後就很少再看了，有時候看了也傷心，因為後來的行情不好，也懷疑自己當初購買的決定是錯誤，甚至常被家人嫌棄。

因此，人們的藝術觀念還是需要先導正，進入藝術市場後才不會有憾事，且能知足及喜樂。

Chapter **3** to Inspire

我們都是天生的藝術人！

那些藝術教我們的事

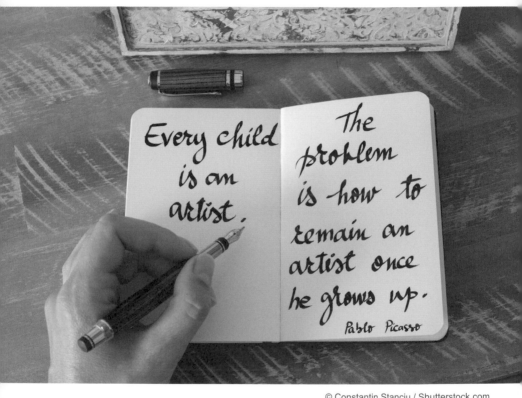

每一個人都可以是藝術人！

你的藝術基因猶存多少？

當藝術是在心靈層面時，人自然就快樂起來了，
與其相關的事物就有意義。

　　畢卡索說：每一個人生來都是藝術家，但有多少人能維持「藝術」特質到長大。（All children are artists. The problem is how to remain an artist once he grows up.）

　　一旦我們社會化，受到許多制約及洗腦，體內的藝術因子就逐漸消失。但我們可從接觸藝術的過程中找回感覺，並藉此療癒自己，活出高度價值的生命。

　　憂鬱、躁鬱、情緒不穩定及晚上睡不好，精神心理問題，許多人知道這是 21 世紀人類最大的病症。人們感冒、外傷或身體的不舒服，吃藥、休息及復健就能康復，然而精神上的問題，不是光靠藥物就能解決，而且可能伴隨人一輩子，永遠醫不好。

　　因此，本世紀心理概念產業變得重要了，宗教及藝術都有機會成了人類的依賴，而心理勵志的書暢銷，相關演講也座無虛席，只是我們一夜醒來又得面臨現實，煩惱又產生了，立即回到原點。

▪ 我們都是天生的藝術人

處於藝術發展中的區域，亂象很多，藝術品還是與「投資賺錢」劃上等號，人們容易被表象吸引，甚至提供藝術品的賣方，可能是外行又不專業，導致人們真心想進入藝術領域，卻還是只能徘徊在邊緣，沒能抵達核心，更別想從藝術得到心靈的增值及富足。

人們在觀看藝術時，還是很在意他人想法，買藝術品時，習慣去問他人意見；收藏了作品，很怕別人不知道藝術家的名字，被潑冷水時不開心，進而懷疑自己的眼光。

這一切都是華人藝術市場常見的現象，藝術應該是把人拉回到原生、找到自己，但反而人們還是活在他人之下。如此一來，人就容易受到旁人的影響，不僅在意他人，甚至為不相干的人而活，逐漸懷疑自己存在的價值及意義在哪裡？最後便可能導向精神方面的問題。

　　每一個人出生都是天生的藝術人，擁有藝術特質，只是在社會化或經濟掛帥時，會把它壓抑下來，然後逐漸消失。

▪把藝術基因找回來

　　我們可以把藝術基因找回來，但前提是要有「正確的藝術觀念」。當藝術的「怡情養性」不再是口號，而是落在心靈層面時，人自然就快樂起來了，免疫系統也強，自然就是療癒及無價了。

　　生命的本質，存在的意義。

　　歷史上的重要藝術品，多少都脫離不了上述的研究及討論，與全部人有關，無時代或文化的隔閡問題，久而久之形成價值。

　　思想的建構，總是長年累月。創作的表現，也要認真嚴

謹。最後，作品對人的正面影響力量非常大，且總在潛移默化中。

當藝術是在心靈層面時，人會快樂起來，與其相關的事物就有意義（價值），並且逐漸能體認：

「人為了工作及家庭奔波打拚，經過忙忙碌碌數十年後，逐漸地留下來陪伴自己的，除了藝術品，還有文學、音樂、宗教、戲劇、運動、寵物……等，皆為精神屬性，隨著年齡增長比重愈來愈大。

以工作與家庭為重心在經過一段時間後，人在心態上，勢必得接受自然定律，因為每一個人有自己的造化及緣分，凡事不逞強才能自在愉悅。而此時，精神的事物顯得非常重要，可以把生命及萬物看得澈底，儘早脫離盲目與泥沼。」

《蒙娜麗莎 Mona Lisa》1503~1506
達文西／義大利 Oil on poplar panel
77x53cm

心太亂！

> 21 世紀藝術創作的人，
> 其作品的藝術評比，「專心」與「分心」已成為分野。
> 多數者是在分心的狀態下完成作品，時間一久，
> 觀者亦會發現作品無法有更深入的論述可能。

　　智慧型手機帶給人們的影響是一體兩面的。它帶來了便利，讓人們可以透過一個小小的螢幕做任何事，能跟許多人互動，但也是相當「干擾」。

　　藝術創作是需要長時間的專注，心無旁騖、反覆思考，並完全落實於作品。20 世紀以前的藝術家，沒有手機及網路，生活簡單，較容易定心去做一件事，從早到晚專心創作是天經地義的事。然而，21 世紀網路及手機盛行，各種提醒的聲音不斷從手機發出來，一開始會覺得不習慣很擾人，但時間一久，反而讓人產生依賴，心思也跟著手機走。一整天的創作，無形中被打斷了 20 次以上也好像一點也沒關係。但是，這樣的環境所產生出來的作品，思想的深度與廣度早已大打折扣。

　　全神貫注創作一件作品，一天 8 小時，一週 56 小時，完成一件耐人尋味的作品。

　　不斷分心創作一件作品，一天 20 次，一週 160 次，完成一件思想無法到位的作品。

▪ 數位時代的應對

　　有些專業的藝術家翹楚早就發現此狀態，因此他們會去應變，比方練習瑜伽、靜坐或任何能讓自己定心的事，使自己在工作時事半功倍。

　　有競爭力的公司禁止同仁上班上網，連到外面網路；有競爭力的人，把手機轉為靜音或關機，使自己讀書或工作時能完全投入。

　　甚至也有人把電腦及手機鎖在家裡，自己跑到一個地方，回到原始的生活狀態，此時他們會發現靈感湧現，包括平時解決不了的問題，此刻也想到方法了。更令人喜悅的，他們開始思考萬物、生命本質與哲學性的問題，逐漸找到永恆的快樂，並成為有思想、會思考的人。再走回生活時，已具備心理的免疫力，去面對人生的無常。

　　古代人沒有電燈，晚上是滿天星斗，他們每天都可擁有哲學生活。

　　因此，21 世紀藝術創作的人，其作品的藝術評比，專心與分心已成為分野。多數者是在分心的狀態下完成作品，時間一久，觀者亦會發現作品無法有更深入的論述可能。

▪ 社群媒體的影響

　　社群媒體很可能是致命傷。雖然創作者希望藉由社群媒體展示自己作品及進行公關的事，產生許多人與人之間的互動，但若一個人的文字表達不夠精準（大部分人皆是如此），就極為容易造成誤導與誤解，得花費更多時間與精神來處理。尤其網路語言更是可以閃爍其詞或應付了事，惡性的因果循環跟著出來，一連串問題，扭曲及影響了原來的單純創作生活。

　　此外，被我們所看到的網路訊息，可能 90% 都有不同程度的不真實，皆是來自有心人士及善於行銷的單位，為了達到最多點擊率，擄獲及洗腦他們的群眾，無所不用其極。反而真

實的訊息，我們可能視而不見，因為早已被更多的虛假浮跨給淹沒了。如此，若我們還是長時間黏在網路，可能也會導致個人精神耗損。當我們擺脫它時，反而換來澄澈，能辨別 99% 的不實，找到 1% 的純粹，這對 20 世紀的藝術創作者來說是基本的，但 21 世紀的人卻不易實現。

所幸的是，21 世紀的藝術創作者數量遠遠超過 20 世紀的數倍，因此能有極少比例的人脫穎而出，這些人的作品將因獨具代表性，足以載入 21 世紀的美術史中。

《症狀機器 Symptom Machine》2019
凱特·庫柏（Kate Cooper）同步，彩色，循環播放，22 分 24 秒
尺寸依空間而定

進入藝術，認識哲學

了解哲學，看待藝術的角度會不同且正確，
能輕易辨別作品是否僅有表面功夫或是擁有最佳的內涵。

　　我們今天熟知的美術史藝術家，如：畢卡索或安迪‧沃荷，他們的影響至今還持續著。許多人會前往他們的展覽作品朝聖，是因為「他們很有名」或「湊熱鬧」，但能留在歷史上的藝術家，他們畫的可能不像是人，也不像是我們眼睛看到的風景，而是思想或哲學，探討生命的本質，只是使用視覺圖像來表現，因此可以不斷被論述著。

　　我們已離二戰相當遙遠了，許多人不再餓肚子而是吃太多，營養過剩帶來慢性病。同時，我們的生活也物質化了，物質世界（Material World）帶來的五光十色，使人們重視外在新鮮刺激，而商人又趁勢加碼提供更多需求，讓人們不知不覺深陷其中。

　　此外，智慧型手機及網路盛行，各式圖像資訊不間斷放送，短時間腦中擁有太多念頭，也變得容易疲勞和沒有耐性。我們只能等到病了、生命遇到風險時，生活節奏才會慢下來，換來長時間的寧靜，並開始思考人生意義與較哲學性的問題。

▪哲學為你帶來不同視角

　　了解哲學，看待藝術的角度會不同且正確。如此一來，能輕易辨別作品是否僅是好看或好玩（容易膩）？

　　因為成千上萬的藝術品實在太多了，爭奇鬥艷的作品永遠買不完，像是無限量供應，但只能有一個留在歷史上時，就不能僅有表面功夫而已，而是深遠雋永，擁有最佳的內涵。

　　30 年以來在華人藝術市場，無論作品來自何方，都能輕易製造出短時間的熱度，引起一窩蜂的購買，但能持續 10、15 年後的作品，幾乎是微乎其微的機率，屆時會被其他一窩蜂熱度的新鮮作品給取代。因此，擁有市場熱度的作品，自然引起各方資金湧入，華人地區尤其明顯，西方市場則較少有此現象，因為他們偏好個人主義，反而少有盲從的行為，不追高及附和。

　　若我們遇到突然「爆紅」的藝術家時，一定要先踩煞車，必須通盤了解整個狀況後再下決定是否收藏作品。因為 30 年來，這樣的情況不勝枚舉，但大多數是曇花一現，對於在乎投資的人來說，風險很高。

　　然而，能進入未來的藝術品，就算擁有哲學性也不一定有機會，因為現正處於藝術家爆炸的年代，還需配合適當的行銷包裝。但若無哲學性或不足者，就算有強大行銷或名人背書，最終絕對會停留在一個時間，不會被人類世代傳承著。

　　我們必須擁有哲學素養，並應用在個人生命，看待人事物的角度也較客觀與多元性，不致被牽著鼻子走。

　　但若一個地區，藝術品買家沒有哲學素養，作品提供者（藝廊或畫家）應該也不會有（用不到）。許多展出的作品也僅有好看好玩。雖然也是一筆錢，但作品本身無法永久流傳並帶來思想智慧。

▪ 藝術離不開哲學

　　藝術的定義是什麼？我們可閱讀藝術理論或歷史相關書籍，或與家人朋友討論。藝術離不開哲學或經典，可帶來真正快樂喜悅。古代的哲學家，如老子、莊子、蘇格拉底，近代的哲學家亦不少，我們可以多了解他們的思想，同時詢問自己哲學性問題，如：人來自哪裡？物質是什麼？意識為何？存在的意義是什麼？什麼是永恆？也可與人一起討論。但在進行之前，一定要先把 3C 產品關掉，以免受到干擾。

　　此外，哲學性的作品，一定要在自然而然的狀況產生，而不是刻意為了哲學而哲學，為賦新詞強說愁的作品其實也不少。

　　能「自然」創作出哲學性藝術品的人，通常也是異於常人，他們較為敏銳及細膩，能意識到一般人較難觸及的層面，且一直保持這樣的狀態，專注於生命哲學的探討。

藝術品的昂貴，
在於給人活著的智慧。

從藝術中，得到多少智慧？

當藝術品被當成裝飾物，我們就會把它晾在一旁，
鮮少會討論到作品本身的哲學思想，
只知道新家需要作品來裝飾，然後期待有一天會增值。

如果沃夫岡‧阿瑪迪斯‧莫札特（Wolfgang Amadeus Mozart, 1756-1791）善於文字的應用，那麼他的文學作品一定很了不起；莊子（Zhuang Zhou, 369-286 BC）會畫畫的話，他的畫作不管是抽象或寫實，肯定不是只有表面而已，而是無止盡的深度、歷久彌堅；畢卡索假如是一位音樂創作的人，他的作品絕對還是耐人尋味。

▪ 體會藝術的真價值

藝術是永恆的智慧，可以展現在不同領域，但人們若使用偏差或用狹隘的心去看待，就難以得到智慧。例如下面情況：

◆ 一個人較在意藝術品的賣價與投資潛力時，藝術品的遠大思維與哲理就會被視若無睹。

◆ 當藝術品被當成裝飾物，我們就會把它晾在一旁。

◆ 接觸藝術只是附庸風雅，我們什麼也得不到。

◆ 追逐美術技術的人，意會不了藝術的思想。

◆ 自大的人，他們認為藝術不過爾爾，無法領受藝術的智慧。

◆ 國家地區的行政首長沒有藝術涵養，多數子民也不會有。

　　在一個藝術發展中的地區，上述情況算是常態。然而，人類的大腦開發不盡，我們可善用在藝術的鑽研，每一天都可以學習。創作者在作品中的話已說盡了，但人們通常只領略到皮毛。人類世代不斷更替，而藝術作品永遠在那兒，不曾消失過，因為它早已超越了外在與無常，永恆不滅。

　　與 20 世紀以前的人比較，現代人擁有更多財富，沒有餓肚子的機會，只有減肥及瘦身困擾，且富豪名車到處都是。然而，他們常陷入「財富是否等於快樂」的思考，住在大宅院裡的人，真的快樂嗎？親人之間的爭吵還是帶來悶氣，國家及社會始終讓人不安與不悅，財富也好像永遠不夠多。或許，有些人知道如何生財，但如何「長智慧」才是最高學問。要怎麼發自內心的微笑，而不是強顏歡笑。

▪ 買藝術品是「智慧」的交流

　　對於真心單純喜歡藝術的人，他們在歐洲會很快樂，沒有銅臭及市場的干擾。但在華人地區就會比較可憐，原本也只是以單純的心去擁抱藝術，到各地旅行時喜歡逛美術館。後來買了生平的第一件藝術品時，整個環境卻一直灌輸投資想法，導致自己無形中受到影響：買藝術品不是應該是「智慧」的交流嗎？為什麼一定要想到「投資及獲利」問題，以致他們看藝術品的視線變得複雜了。若買作品的人是企業家，藝術的緣分可能就更不單純了，買賣互動中只有商業，沒有哲學思想，不小心買了一堆不怎麼喜歡的作品。有些人後來會逐漸抽離，與藝術保持一些安全距離。

　　在華人藝術市場，對於藝術品的功能，大多聽到的是：1. 可以裝飾空間、2. 市場潛力大。鮮少會討論到作品本身的哲學思想，所以多數收藏家不知道藝術可以帶來智慧，只知道最重要的是：1. 新家需要作品來裝飾、2. 然後期待有一天會增值。

　　無論是畢卡索、威廉‧德庫寧、法蘭西斯‧培根或其他美術史作品的藝術家，雖然作品風格迥異，但他們的共同點都是費盡精神創作出充滿思想的作品，沒有人想刻意製作「給後人賺大錢」或裝點居家空間的作品。

《黃色巨鴨 Rubber Duck》
弗洛倫泰因·霍夫曼 Florentijn Hofman ／荷蘭

終結填鴨人生

為何荷蘭藝術家霍夫曼的黃色小鴨，
浴缸裡的玩意兒也都能注入新思維？

　　一直以來台灣教育像工廠，老師在台上講課，學生台下安靜不說話，回家再把老師交待的課業背起來，考試方式以填鴨式作答得到高分，進而獲得讚賞獎勵，一個人的價值如此被肯定了，這就是他們認為的成功模式。

　　久而久之，這些學生長大後在社會上遇見藝術品時，也會直接想知道創作者為何會創作這個作品？當下的理念是什麼？不習慣自己去探索，若要他們想出 10 種想像的可能，更是難上加難。

　　然而，進入藝術領域，就是一個「自我思考與想像」的天地，反而不用去管他人怎麼想，不用太在意作者的目的；即使知道了，還是可提出自己的見解，這是完全自由的，對於長期生活在刻板教育與社會的華人來說是很不習慣的。

　　藝術就是建構在自由創作與發想的基礎上。創作者必須自由，擺脫學術與市場的包袱，方能開始進行創作。欣賞者亦得自由，透過自己的個性、成長背景及當下景況，去對眼前的作品進行私密的互動。

　　一個人擁有想像的習慣，就能成為一位較有發想能力的人，若應用在自己的工作上，無論是金融產品服務或科技，就能有所突破、脫穎而出，形成強大的競爭力。

▪ 有發想習慣，本身就有競爭力

　　歐洲的人口不多，但他們開創的工業產品或奢侈品相當多，在世界上格外有競爭力。他們創造了歷經好幾個世代的品牌，至今仍具有相當潛能，因為後來的經營者不斷注入新的發想，使之保持永久的競爭力，然後交給較無發想習慣的地區代工生產。

　　連一個荷蘭霍夫曼的黃色小鴨，浴缸裡的玩意兒，也都能注入新思維，然後讓亞洲趨之若鶩，爭相邀請展出。原本是浴缸水上的小鴨，如今變巨大了，漂浮在河上或海上，人們會連結到的畫面及感受，可能是溫馨、溫暖、還有許多。有創造力的人，能透過一個簡單物件帶出多元思維。

美術館的展覽氛圍，
容易使一個人得到寧靜。

重視心靈者

由於投資動機，讓許多人買了藝術品，
以為這樣就進入了藝術世界，但其實始終沒有，
頂多只是在藝術的邊緣徘徊，
無法體會藝術的本質。

一個人若只在意藝術品的投資效益或外在行情，他將永遠無法理解藝術的奧妙，更不用說要從藝術中得到智慧。即使買了一屋子的藝術品，全部作品與主人還是格格不入，沒有作用。

整個 20 世紀，全世界從事創作的人不計其數，產生龐大數量的作品，能留傳至今日仍被討論的，是不成比例的極少數。雖然作品的表現方式與媒材迥異，但它們擁有論述不盡的共同點，且藝術家的個人特質通常與眾不同，創作的當下則相當超脫，可能連他們本人都渾然不覺。只有這樣非刻意所完成的作品，才能成為曠世巨作，甚至被傳頌至未來，形成永恆。

當然，我們會以如此的標準來看現今的作品，即使有些未達美術史巨作，但也不差了，若加以包裝與行銷，藝術家知名度就能增加，作品行情順勢提升。

21 世紀，無論是藝術家或作品的數量都更多了，到了 22 世紀依然能立足者，是微乎其微的比例。

　　然而，本世紀的全球經濟規模及富裕人口，亦是遠大於上個世紀。藝術品的一級市場，由於作品太多，競爭激烈，以致形成價格偏低的價格戰，能進行收藏的人因此更多了。若是形成嚴重供不應求的狀態，或是刻意人為操作，藝術家作品的二級市場行情，將明顯高於原本的一級市場。

▪ 為何多數人無法體會藝術本質

　　20 世紀末，藝術在逐漸富裕的華人世界受到關注，但當時畫商為了提升銷售，多以藝術投資導入銷售，以致人們面對藝術時，在意數字的人（投資），壓力就變大。任何投資，反覆漲跌是常態，但下跌時往往帶來鬱悶，如同股票跌停時，有些人晚上可能會睡不好。由於華人進入藝術市場時，較容易受到作品行情價差的引誘（增值），進而跟進，短時間買入大量的作品。因此，多數能夠在市場上生存的畫商，通常善用此特點，進行藝術品的生意，無論是真實的增值或僅是假象，都能得到不少訂單。一方提供投資想像空間、另一方跟進買入，如

此構成了現在的華人藝術市場。一個人同時喜歡上兩件作品，來自兩個畫商，其中一位導入投資語彙，另一位沒有，多數人會選擇前者。

由於投資動機，讓許多人買了藝術品，以為這樣就進入了藝術世界，但其實始終沒有，頂多只是在藝術的邊緣徘徊，無法體會藝術的本質。

許多華人從投資進入藝術領域後，一旦他們沒有獲利，就很可能抱著遺憾離開這個圈子。

「藝術投資」沒有對錯，「藝術」一定要在「投資」之前，但多數人剛好相反，為了投資買藝術品，只能被藝術永遠擋在門外。

我們必須先了解「藝術」的定義，熟悉 20 世紀重要的作品之後，再進行「投資」。讓我們的體內擁有藝術細胞，除了可以從藝術中得到心靈富足，還可以有較好的眼力，看盡眾多

的展覽，即使遇到了能說善道的畫商，也不容易被銷售話術給引誘。如此一來，我們就有比較高的獲利機會，甚至也不重要了，因為已擁有了更有價值的心靈喜樂。

重視心靈的人，他們每天會與藝術品交流，無論外在俗世如何，他們內心不為所動，一生快樂徜徉在藝術的智慧與哲學中。

藝術品爆量的年代,市場跟著複雜化,
單純喜歡藝術的人最快樂,可以看到多元的藝術展現。

外在價值與內在價值

在詢價及交易時，買家亦期待未來行情更好，
得到的語言也是正面的，但買家得自己判斷未來價值，
做足市場投資的功課，因為他們不會聽到負面的市場話語。

步調加快的時代，
無論是藝術創作者或欣賞者，
都需要刻意製造出時間空檔，
讓自己專注於藝術境界裡。

藝術需要一位沉思者

藝術性可遇不可求，創作者需長時間專注於思考，才有深刻、具有思想的作品。

藝術的分工很多，
都能成為專業與翹楚。

分工合作

一開始想從事藝術相關工作的人，
建議以建立基礎為主，所得報酬是次要，
並迅速累積經驗與人脈與知名度，同時不斷提升專業。

衣食無虞之地，藝術自然繁盛。

20 世紀之際，藝術工作在台灣是不穩定的，大多數父母會阻擋自己的孩子讀藝術相關科系，也不能從事藝術類工作，更不能去當藝術家，父母總是擔心若窮途潦倒餓死，那誰來養家及養活自己呢？所以，都要年輕人趕快出去工作，然後寄錢回家。

本世紀就不一樣了，不但不用拿錢回家，許多父母還會幫孩子從小儲蓄，當他們長大時就已有一筆存款。他們想做什麼都可以，也可以創業，只要不整天鬼混夜店或無所事事就好。

因此，藝術或設計相關科系變成炙手可熱，每年從美術系或藝術行政、策展或美史相關系所畢業的人都很多，從海外留學回來的也不少。

除了創作，藝術的相關工作是可分工而專精且收入穩定，如：藝術講者、策展、藝評及經紀。

▪ 藝術相關工作的類型

講者：一個人若擅於表達、喜歡說話，他們可以成為一位藝術講師，可先從社會團體組織開始（如：扶輪社或獅子會），還有公家單位及無數的企業。一般社會人士對於「藝術投資」的題材最感興趣，尤其是金融單位，提供投資講座給客戶或自己員工。累積年資及知名度後，接著就是出版有聲書了，也可到海外演說（中國大陸、香港、新加坡……等華人圈）。

策展：策展人也像是創作的人，只是作品不是自己做的，而是來自其他藝術家。有一個值得議論的想法產生後，策展人就可以著手去找對應的作品及空間，若能引起廣大的爭論與迴響，也可能會對藝術發展產生作用，形成影響力。因此，他們必須擁有相當豐沛的藝術家資源，才能完全體現自我的策展議題；如果只熟識幾位，客觀性就顯得不足。此外，他們也要有各式展場空間的資料庫，無論是美術館、替代空間、藝廊、複合式空間、戶外場地及所有可能衍生出展覽的地方。

藝評：有些藝術家不擅於文字處理，但一場展覽總是需要有文字輔助或評論，而有興趣從事藝術文字工作的人，他們就可以協助藝術家完成文字的部分。另外，他們也可針對古今中外自己感興趣的藝術家、作品或展覽，寫出自己的觀點，留下文字記錄。

經紀：藝術家創作以外的事，就是經紀人的工作，舉凡尋找展場、媒體公關、作品銷售、異業合作、行銷包裝⋯⋯等。這個角色可以是藝廊，亦能是個人。

上述幾項分工，每一項皆能全職專精。

▪ 從事藝術工作前的思考

一開始想從事藝術相關工作的人，建議以建立基礎為主，所得報酬是次要，甚至可以免費提供服務，且積極密集性地工作，迅速累積作品、人脈與知名度，同時不斷提升專業。

若以時間來計，基礎階段的工作至少是 5 至 7 年。若提早訂立志向，大學畢業後即從事相關工作，30 歲之前就可以是達人了。

任何行業都是適者才能生存。由於藝術工作不一定受僱於任何單位，自己就是老闆，而人們常有的惰性及負面想法是最大阻礙。一個人沒有做好時間管控、抗壓性不夠、被潑冷水就放棄，接著便三心二意，開始想轉換跑道。多數人在一個月至半年，就可能開始懷疑此類工作的可行性，在自信不足且沒有全力以赴的情況之下，工作就難以獲得回報，並每況愈下，即使曾經是自己喜歡的工作，最後也可能會半途而廢了。

因此，有一句勵志名言：「**成功的道路並不擁擠，因為堅持的人不多**」。

走進美術館

不少接觸藝術、買作品的人，仍徘徊在藝術邊緣，
沒有真正進到作品核心思想，更是不懂何謂「藝術」？

成人與孩童共同討論藝術，
不是大人說的就算。

　　對於真心喜歡藝術的人來說，若能住在美術館附近是很幸運的，他們可以每天去逛美術館。

　　在台灣，大部分美術館是免門票的（如：國立台灣美術館、新竹市美術館、嘉義市美術館），就算需要，也是很便宜（如：台北市立美術館全票 30 元，台北當代藝術館全票 100 元）。

　　有些藝術收藏家就住在美術館附近，他們買了 20 年的藝術品，但藝術似乎還是離他們很遙遠，常常鬱鬱寡歡無法帶來喜悅。住在「美術館附近」，好像只是比較有藝術氣息，房子可以保值。他們進入美術館的幾個原因，不外乎是吹冷氣、借廁所或當作散步運動罷了，而展覽中的裝置或錄像作品還是看不懂，有價無市的作品也令人感慨，更是不曾佇足過裡面的圖書室。

　　確實不少已經在接觸藝術、買作品的人，仍徘徊在藝術邊緣，沒有真正進到作品核心思想，因為過去以來，提供作品給他們的人，只有買賣與投資的話題，沒有傳遞藝術語彙，因此一個人就算買了多年作品、住在美術館附近，對於藝術還是存在陌生與不解。

▪展館必須有清晰的文化輪廓

有些以美術館為名的場館，但展出內容舉凡民俗、工藝、技藝、設計、現代及當代，什麼類別都有，使得從小沒有藝術教育的多數人，更是不懂何謂「藝術」？

一些美術館對展覽作品有著嚴謹的審查機制，經過評選之後，只有少數作品能進館展出。但也有美術館是以鼓勵地方民眾參與為出發點，只要提出申請就可展出，所以作品展覽參差不齊，也讓人對於藝術的標準感到困惑。

上述都是從藝術發展邁向已開發過程中常見的現象，人民對於藝術有著模糊的概念，而硬體也不足，有影響力及行政決策權的首長也不太了解藝術，被少數藝術專業人士勉強推著走，但力道顯得太輕，完全施不上力。

一個城市至少要有作品「評選」及「無評選」的場館，也需要有設計館、工藝館及各類特色的展覽空間，避免全部混在一起，互相干擾，好讓民眾對各類文化能有清晰的輪廓。

現階段的台灣行政首長，他們小時候通常是學業成績較好的人，又剛好落在升學主義的年代（1960～1990），每天幾乎都是在讀書與考試中度過，社會及家長只重視智育，忽略美育。當他們成為首長時，當然也還是不懂藝術，從小到大都沒有參觀藝術展覽的習慣，也沒有收藏藝術品的緣分。目前多數的民意代表在他們成長的過程中也沒重視藝術，而是以考上第一志願為目標。

畢卡索的作品要怎麼欣賞？看技巧還是思維？對此，就算是台灣行政首長，可能也是不了解。

▪ 從上至下落實藝術

還好，無論是美術館、藝術博覽會或藝廊展覽參觀民眾，目前以年輕人居多了（30 歲以下），買作品的風氣也逐漸普及（投資念頭漸式微），不若 25 年前，美術館的展間志工有時候還比參觀者多。

　　因此，當這些年輕人以後成為有影響力的人時（行政首長時及民意代表），他們還是保有接觸藝術的習慣，知道如何讓藝術真正落實，使整個國家社會成為藝術已開發的狀態。行政首長是有影響力的，他們若喜歡藝術，子民也會跟著受影響，進而成為一個藝術之都。

　　年輕人參觀美術館時，可以放空與放鬆，安靜去體會館內作品。同時，我們也要催眠自己回到剛出生的純真，放掉社會化後的框架。我們可待在美術館的圖書室裡，以同樣心態去欣賞 20 世紀世界美術史的作品。

　　館內的展覽導覽，只是一個參考，若要聆聽亦可不用全盤接收，還是可持有自己的想法。作品本身最重要，至於創作媒材、過程、藝術家生平事蹟……等是其次。好的藝術帶來無限，讓有限度的大腦可被打開，徜徉於無垠的想像天地。

《One：Number 31》1950
傑克遜‧波洛克 Jackson Pollock ／美國
Oil and enamel paint on canvas
269.5x530.8 cm

放過他人，放過自己

藝術是一個「自我思考與想像」的天地，
跟著孩子去看藝術品，不是大人說的就對，
甚至沒有對錯，只有當下自我的真實感受。

　　人進入藝術領域，就是一個「自我思考與想像」的天地，不用去管他人怎麼想，不用太在意創作者的目的；即使知道了，仍可提出自己的見解，完全自由。

　　若我們把世界美術史背得滾瓜爛熟，也能說得頭頭是道，可能只是理論化，但反而被侷限、被綁住了，沒有真正得到美術史的作品帶來的智慧與省思，並應用於自己個人生命。我們在接觸世界美術史的作品時，可以先由最感興趣的作品開始，並像孩童般去吸收作品傳遞出來的無形因子，沒有預設的框架、無標準答案，輕輕鬆鬆的體會。

　　若有需要，再進一步去了解作品所在的時間點，當時是否有戰爭、瘟疫、冷戰或經濟強盛？種族與兩性是否平等？藝術家所處的環境，其政治氛圍如何？都市或鄉村？他個人的人際關係，被遺棄或隱居生活？藝術家的星座與性格等。

　　美術史中的藝術家及作品能夠被挑選出來進入歷史，絕對不是只有表面形式而已，看似簡單，表現卻最不簡單。藝

術家自己也常不自知，自然就完成了一件爭議、隱藏天馬行空的作品。

▪ 藝術可以影響一個人

全世界的華人從小普遍沒有藝術教育，就算有也常是偏差。因為他們的父母小時候也是沒有藝術教育，無法給予小孩正確的藝術導入。因此，我們就算長大進入社會有機會碰觸到藝術，就會出現幾種狀況：

1. 看不懂藝術，在藝術面前沒有自信。
2. 若談到投資就懂了，但反而掉入一些畫商的陷阱。
3. 畫得像就懂，畫不像就裝懂。
4. 跟著市場熱度及一時的流行走，盲從行為。
5. 時間再久，對藝術的定義與本質仍不清楚，永遠無法進行討論。

因此，父母帶著孩子接觸藝術前，必須先對藝術的定義，

有著清晰及適當的體悟。若無，就讓小孩自由去領受美術史作品就可以了，不用干預他們要如何去解讀，同時也可催眠自己還原至六歲的純真，在「大腦尚未定型、可塑性高」的時候反而更好，因為他們會用「心」去體會，也最為真實，對一個人來說幫助深遠。

跟著孩子去看藝術品，不是大人說的就對，甚至沒有對錯，只有當下自我的真實感受。

久而久之，藝術內化了，正面影響一個人，他們就會有自我發想的習慣。一位較有發想（或想像）能力的人，若應用在自己的工作上，無論是金融產品或科技服務，就能有所突破，形成創新與競爭力。所以，許多人發現歐美人較有創意，點子很多、無奇不有，形成品牌，成為他人仿效的對象。

此外，藝術也使一個人較不受限於事物單一表面，習慣去看表象之外，不容易被洗腦制約，能從多個方向去理解，輕鬆自在，較不會被政客或有心人士牽著鼻子走，心情不跟著無常變化而起伏不定。任何事情都有自己的判斷，不去計較對錯，而是充分理解每一個人的差別看法。

關於藝術想像力

草間彌生的南瓜、奈良美智的女孩，都是大家耳熟能詳的，近年的藝術拍賣單件作品都有 1 億台幣以上的成交紀錄。為什麼南瓜那麼貴，不是其他蔬果？為何奈良美智的女孩價值高，而不是櫻桃小丸子？大家若把自己催眠回到六歲前的純真，就能逐漸體會之間的差異了。20 世紀百年的世界美術史作品都是如此，不是只有表面而已，我們可以細細去體會，應用於生活上，就較不會糾結於芝麻小事或虛幻的無常，隨時都能放下，立即重生。

藝術收藏是很私人的行為。

私心畫

藝術品是很私人的東西，毋須高調，
藝術能帶來心靈富足，藉此活出生命，
這是最重要及無價之處。

大衛‧鮑伊（藝名 David Bowie, 本名 David Robert Jones,
1947-2016）英國著名音樂人，2016 年離世後，他的偉大收藏
才赤裸裸公開在世人面前，一些作品留給家屬，其他 400 多
件作品則委託倫敦拍賣公司進行專場拍賣。跟隨大衛‧鮑伊
一輩子的作品，透過拍賣會找到各自的主人，甚至移往不同
國家繼續著永恆性的旅程。

▪ 你才是發現藝術價值的人

關於大衛‧鮑伊的藏品，我們可以看到一些值得討論的
要點：

1. 收藏品的質與量都是可觀的，包括尚 - 米榭‧巴斯奇
亞（Jean-Michel Basquiat, 1960-1988）、亨利‧摩爾（Henry
Moore, 1898-1986）、達米恩‧赫斯特（Damien Hirst, 1965-）、
法蘭克‧奧爾巴赫（Frank Auerbach, 1931-）、彼得‧拉尼恩
（Peter Lanyon, 1918-1964）……等藝術家的作品。但在他生

前，人們並不太了解他的收藏。

2. 對於藝術收藏，他曾經說過：「在他的生命歷程，藝術品永遠是他的養分，可供他平衡與快樂（It has always been for me a stable nourishment.）」在每天悶倦及庸碌的生活中，藝術品可以改變心情。

3. 藝術品是很私人的東西，毋須高調，所以他的收藏行為鮮少被外人知道。藝術收藏亦為私密行為，藝術能帶來心靈富足，藉此活出生命，這是最重要及無價之處。

4. 雖然離世後藝術品帶不走，但也伴隨了他一生，帶給他每一刻的心靈飽滿，尤其每一天的早晨都是一個全新的開始，這是藝術收藏的最大價值所在（這可能是把藝術品當作投資物件的人無法理解的）。藝術品是心靈屬性，是金錢無法比擬的，如同再多的錢也無法治癒心理精神面的問題。

5. 他所收藏的藝術家作品，皆在自己經濟能力之內。當時

藝術家名氣普遍不大，他也不會因為某位藝術家很有名氣、市場熱度高，因而進行盲從訂購的行為。雖然在他生命旅程終了之時，有些作品的市場價值早已今非昔比（拍賣成交總額數億台幣），但一件作品在未來的外在行情，絕不是他當時去擁有作品時的考量。因此，他一生的藝術生活是輕鬆自在，而不是老是期待價值卻始終抱憾的壓力悶氣。

6. 大衛‧鮑伊的美學素養高，無深度的作品絕對引不起他的興趣，唯有哲理性高的藝術品才能與他心靈交會，也僅有這樣條件的作品能自然被人類篩選出來，開始累積市場價值。他的多年藏品曝光，立刻引起全世界收藏家的興趣，各個摩拳擦掌準備進行購藏。

此外，收藏家離世後藏品才曝光，我們還可以想到法國服裝大師──伊夫‧聖羅蘭（Yves Saint Laurent, YSL），他於 2008 年過世，他的親密愛人皮埃爾‧貝爾傑（Pierre Berge, 1930-2017）決定委託拍賣他們共同的收藏，這在當時掀起熱門話題，被稱為「世紀拍賣」，讓世人看到他們鮮為人知的藝

術收藏。伊夫·聖羅蘭及皮埃爾·貝爾傑提到，他們收藏的作品為倆人「愛的結晶」，是愛與心靈不可多得的私物。

　　藝術品陪伴主人一生帶給他們快樂，因為主人總是細細呵護著作品，如此的佳話散播至整個環境影響後世。反觀整個大中華地區看待藝術品之事，大多數藏品都在 10 年、3 年、甚至數月就被轉手賺取價差，而持有數十年以上的作品不是不想賣掉，而是賣不掉（有價無市），整體市場還是關注在投資及賺錢。

　　一個人的經濟強盛，可利用表面功夫去偽裝，而有待加強的人文素質，總是藏也藏不了。

　　（此文章獻給喜歡藝術的藝術人！）

Chapter **4** to Trust

紅花與綠葉！

關於藝術家與藝廊

大多數的藝術家只能專注於創作，
而名氣與市場的形成來自關鍵、
但一般人會忽略背後的推手。

紅花與綠葉

成名的藝術家，全世界的人會去美術館參觀他們的作品，
但鮮少人會去探討他們背後的推手，使他們能脫穎而出，
成為眾所周知的巨星。

　　紅花是藝術家，成名後留存於歷史（美術史）上，後人會
記得他們，並享受他們作品帶來的智慧及樂趣。

　　綠葉是藝術家的經紀人，可以是個人，或是藝廊。目前為
止，沒有「藝術經紀人史」，雖然他們很重要，扮演著藝術家
的幕後推手，努力幫助他們的作品被大眾看見，但經紀人不一
定要被認識。

　　20世紀成名的藝術家，全世界的人會去美術館參觀他們
的作品，在美術史書瀏覽藝術家的個人創作史，但鮮少人會
去探討他們背後的推手，使他們能脫穎而出，成為眾所周知
的巨星。如同知名的演員與歌手一樣，他們的經紀人也常是無
名的。然而，綠葉的成就，就是把默默無聞的人，打造成時代
的巨星。

　　**紅花與綠葉的角色需要分工，各司其職，互相信任，以達
到永續生存。**

　　紅花的藝術家：多數藝術家只能專心於創作本業，只有極

少數「天才型」的人，能遊走於創作與市場，且都做得很好。

　　尤其 21 世紀，多數人在衣食無缺之後，便開始追求人文藝術，以致從事藝術創作的人已達爆量，只增無減。但在華人地區，藝術家擁有經紀人者卻寥寥無幾，而經紀人同時具備專業素養的又更少了。因此，面對滿坑滿谷的藝術家時代，能成名的已不再是作品問題，而在於是否有卓越的經紀人處理藝術家的行銷與包裝。

　　此外，華人藝術市場內又充斥「獲利了結」的習性生態，即使藝術家的名氣出來了，但普遍不長久，稍縱即逝是常態。

　　綠葉的經紀人：藝術經紀人必須有藝術與行銷的專業，打理藝術家創作之外的所有事務，舉凡展覽策劃、媒體公關、網路行銷、異業合作、作品交易及學術交流，做好稱職的藝術家代言人。藝術家只需專注於創作，將之發揮到淋漓盡致，才能在眾多藝術家中脫穎而出，使自己作品有高度的藝術競爭力。

　　藝術家兼經紀人：多數的華人藝術家，創作之外還得自己對外行銷，光是面對藝廊就是一大難題，每一個藝廊的文化

與老闆脾氣都不同，得要適應。他們若去申請公共空間展覽，還要處理諸多文件費盡精神。此外，他們又得時時面對市場，然而華人地區，學術與市場似乎是兩碼子事，學術評價高的作品未必有高行情（如裝置或新媒體表現的作品），而市場熱度高的作品也不太需要先經過學術認證。市場常把藝術家搞得一頭霧水，尤其華人地區的藝術市場發展時間尚短，亂象橫生、深不可測，一般人所不理解的事太多，知道的又可能有偏差。

▪ 藝術家需要經紀人

經紀人不一定是畫廊，可以是個人，他們可能畢業於藝術管理、行政、美術史及策展等非創作類的科系。當他們找到有共鳴的作品時，與藝術家交涉，看看彼此是否合得來。若彼此個性及想法不同，即使雙方都很專業，合作仍是扣分。比如，小山登美夫與奈良美智，John Kasmin 與 David Hockney，當時的藝術家知名度皆不高，但經由經紀人的巧

手，短時間讓藝術家成為眾所周知，並已成為藝術界普遍知道的佳話。藝術家也得完全授權給經紀人，經紀人才能義無反顧全力去烘托藝術家。

總而言之，藝術家是紅花，經紀人或畫廊是綠葉，如此的角色扮演，才能創造出舉世聞名的大藝術家，讓作品進到全人類的生活。

經紀人的收入如何來？

經紀人的收入來自藝術家作品的交易及合作中得到的酬庸。比方，經紀人常行使經紀藝術家的行為，如藝術家展覽的辦理、藝博會參展、廣告宣傳……等，若經紀人售出作品，與藝術家常是五五拆帳。若買家得到折扣，也是由經紀人吸收，不影響藝術家實拿的五成。如果經紀人先一次性買斷多件作品，藝術家是可以給予一些優惠（如藝術家實拿四成）。若經紀人投入更多行銷資金，比如參加頂級藝博會、出版畫冊、重要的廣告支出……等，還是可與藝術家討論共同支付費用。

藝術教學或任何工作皆可，
只要不影響創作者的心思與精神。

藝術家
該不該去教書或教畫畫？

藝術創作需要長時間沉澱，專注於想法的醞釀。
開始執行創作時，一段漫長日子不與外界接觸也是常態，
全神貫注亦會耗盡大量體能。

　　台灣美術史中的藝術家，曾經教書或教畫畫者是多數。

　　世界美術史中的藝術家，曾經教書或教畫畫者是少數。
你所知道的畢卡索（Pablo Ruiz Picasso, 1881-1973）、梵谷
（Vincent Willem van Gogh, 1853-1890）、孟克（Edvard Munch,
1863-1944）、安迪·沃荷（Andy Warhol 1928-1987）……等，
都是專職藝術家而不是兼職。

　　藝術創作需要長時間沉澱，專注於想法的醞釀。開始執行
創作時，一段漫長日子不與外界接觸也是常態，全神貫注亦會
耗盡大量體能。然而，如果教學的工作打斷創作思緒，作品的
深度及論述性就可能不足，致使創作成果不佳。

　　教學「認真」的藝術家體能消耗太多，他們只能利用殘存
的精力去創作，為了避免被看穿，常會竭力謀求作品的表面完
整性，但事實上非常空洞，若觀者涉獵藝術不深，其實是看不
出來的。

▪ 藝術家去工作，會壓縮到創作時間？

　　台灣藝術環境未臻成熟，使得多數藝術家都得挪出時間從事教學，未必是為了掙錢，而是與家人妥協，讓他們放心，教學與創作並行。他們如果從事藝術行政或無關藝術的工作，都可能會耗費相當大的精神，影響到自己創作。

　　在國際上，專職創作的藝術家是滿坑滿谷，即便如此，還不一定能有出眾的作品，更遑論創作時間「斷斷續續」者，這也是台灣藝術家在20世紀很難在國際上有競爭力的一個原因。當時台灣的經濟條件不佳，「全職」藝術家很少，只有那些天生有商業頭腦的人，或不顧家人反對者，他們就可以全職。多數藝術家是「兼職」，有其他經濟來源支撐他們生活。

　　在歐美地區，很多藝術家可專職，他們的作品未必能熱銷，與台灣藝術家是一樣的，但唯一的不同，就是少了親友的「冷嘲熱諷」。

　　30至40歲的台灣藝術家，常會面臨抉擇，因為這個年紀

似乎需要在職業及婚姻有著明確的決心，不能再游移不決。藝術家的收入總是不穩定，但他們本來就有此體認，才會進入藝術家這一行，因此對個人來說不會是問題。只是未來的延續或改變，旁人（親友）的態度才是最重要的。在許多的西方國家，藝術家這個職業可以很得意；在台灣，他們就得離群索居，可能在老街巷弄裡，或是埔里及都蘭，反而在都市或市場上打滾的藝術家，通常是較能妥協與自我行銷能力強的人。

並非從事教學的藝術家就無法創作出好作品，如美國藝術家羅伯特・馬斯特韋爾（Robert Motherwell, 1915-1991），哈佛大學哲學博士，也曾從事教學一段時間。只要他們在教學時不受規範牽制、沒有被干擾，甚至仍舊「我行我素」，這就能使創作的心思延展下去。

到了 21 世紀，台灣的經濟條件好了，許多孩子長大不用賺錢養家，想做什麼都可以。因此，「全職」的創作者變多了，甚至背後有家人撐腰，提供生活費、安排人脈、全力支持。但他們的作品就比較好嗎？

　　有些人認為，創作者少了刻苦，作品也跟著少了張力。但很多事情都是一體兩面，沒有絕對的好與不好，事在人為。

巴伯羅·畢卡索
被公認為 20 世紀最偉大的藝術家。

躡手躡腳的創作行為

無論是市場或做自己，必須澈底釐清，
以免作品永遠差了一點，生活也混沌了一些。

作品銷售成績，以創作為生的人，通常都會在意。

有些藝術家在意成績，偏偏創作出來的作品與市場背道而馳，不是市場主流的，沒有人喜歡。至少在「創作」一事上，他們很「做自己」，不會綁手綁腳，只是無人懂他們的作品，或許大家需要一段時間去習慣及接受。

有人重視銷售狀況，發現市場上特別受歡迎的風格，他們因而為此轉變風格導向市場，故作品銷售的收入高。

更多人想要堅持自我，但又游移不決，長期以來銷售成績未見起色，過程中不斷微調創作方式，但創作及市場始終無法兼顧，最後不了了之。

▪ 藝術獎項不具參考價值？

沒有人會在意法蘭西斯・培根、薩爾瓦多・達利（Salvador Dali）、巴勃羅・畢卡索或常玉得過什麼獎，而是他們的作品如何感動世人。

藝術是完全主觀性，藝術獎項的評審也是人，參賽者只要知道他們的偏好，得獎是容易的。因此，全世界的藝術獎項雖多，但為人詬病，多數不具參考性。大家也都知情，因此不斷調整獎項的客觀性，以達到最專業的標準，如透納獎（Turner Prize，英國）。

為得獎而生的作品，通常原創性較弱，因為目的性太強，缺乏了「真」。獎項有其功能性，如獎金與獎狀。

．**獎金**：可換來生活費與材料費，可以是階段性，使自己一步步走向「自由」創作，不受獎項制約。

．**獎狀**：可以開班授課，提升業績。在台灣，家長帶小孩子去學畫畫，若一間畫室貼滿了授課老師的獎狀，對家長來說是有相當的說服力。

另外，較重要的獎項，也有助於創作者的其他工作，如評審工作、出書、座談會的與談人、教課演講……等。

若創作者先完成了作品，才被獎項給找到，這樣的創作就保有了純粹性，獎項也跟著客觀。

不過，還是有不少藝術工作者得獎後，覺得有那麼一回事而沾沾自喜，將作品的價格往上調，自我提升行情，並認為自己就是大師。

▪ 全職與兼職

藝術家可以是全職，唯一收入來源。創作也能僅是兼職，只是他們諸多工作之一。

全職創作可能有的現象：
1. 體力佳，創作可以發揮淋漓盡致。
2. 可能怠惰，時間管理不佳，以致一種圖像或風格老是重複，只能求更為精緻細膩，但沒有突破。
3. 少了創作激情與靈感。
4. 收入不穩，作品有可能逐漸市場導向。

兼職創作常有的現象：
1. 體力差，無法把想法推至更遠，半調子。

2. 無經濟的後顧之憂，創作可以完全做自己。

3. 副業帶來意外的創作火花。

4. 不虛度光陰。

全職與兼職創作現象的差異

	體力	專注力	時間管理	創作靈感	經濟狀況
全職	●	●	×	×	×
兼職	×	×	●	●	●

　　無論選擇全職或兼職，最後還是由「作品」來論斷。藝術家有可能一輩子全職，但沒有一件劃時代巨作。抑或，他們偶爾創作，多數時間做其他事，而每一次的創作當下都是神來一筆。

　　無論是市場或做自己，兩者皆宜，但藝術工作者必須澈底釐清，才不致躡手躡腳的，以免作品永遠差了一點，生活也混沌了一些。

本是單純的創作行為，
一旦進入藝廊或市場，就可能變調。

藝術家進入藝廊
是福是禍？

所有的思考及檢討，都與作品銷售（市場）有關。

如此的話，藝術家的原創也是宣告結束了，

以後就是照著買家的意思走。

　　從學校畢業後，一位新銳藝術家開始創作，並申請在公共空間展覽。展覽時被一間藝廊看到，受邀至藝廊進行個展。

　　一般人認為，藝廊是銷售藝術品的地方，與公共空間展覽是不一樣。藝廊與收藏家是連結在一起的，擁有自己的收藏家名單。因此，首次進入藝廊空間展覽的藝術家，不免會想到作品被收藏的可能性，心情百感交集，是一種肯定？還是背後其他目的？不管怎樣，就是作品能被收藏、銷售的地方。

▪ 面對市場的殘酷綁架

　　個展結束後，若銷售成績不俗，就會有第二次個展的機會，市場的綁架很有可能隨之出來。

狀況一、代表作呼之欲出？

　　一場展覽中，總會有詢問度高的 1 至 3 件作品，有時候不是藝廊或藝術家所預期的。然而，若其中一件獲得最多訂單機

會，卻只有 ‧個人能帶走作品，其他人向隅，此時，多數藝廊會明示或暗示藝術家，要求立即產出或客製化，或是下次展覽時，作品就朝此方向走。這個「市場方向」，就此變成藝術家的代表系列，由市場來定義。從這個時候起，藝術家的原創就逐漸消失了，甚至可能因此結束了，創作被市場綁架，逐漸導向商業化。整個過程常在不知不覺中，連大部分的藝術家本人都沒有察覺到。

待「市場客製化」的作品達到飽和或負面聲音出來時，可能已過了好幾年，當藝術家不再有續約及舞台，要再重新開始、找回初衷，可能會比剛出道時還難，因為所有創作思維已被制約了。

狀況二、複製的展覽開始了

首次展覽的銷售成績很好，全部售完或賣出 8 成，此時藝廊也可能冀望藝術家下次展覽時，風格不要改太多，以免產生風險。無論藝術家聽從或只聽一半，之後的作品原創性必然是減少的，乃至逐漸消失。

若是個展結束後，銷售成績差呢？

多數藝廊就此與藝術家的緣分盡了，不會有第二次個展機會。

若干年後，另一間藝廊前來邀請進行個展，藝術家就會想到上一次展覽作品銷售不理想，是不是色調暗了些？還是媒材要做一些變更？

所有的思考及檢討，都與作品銷售（市場）有關，但這一切都是在「不經意」之中，藝術家其實自己也不知道。如此的話，藝術家的原創也是宣告結束了，以後就是照著買家的意思走。

上述情況，是目前華人藝術市場的普遍現象，沒有是非問題，只是一個當今狀態。當然，其中也是有藝術家本來就是為市場而生的，處心積慮為市場「量身製作」相符的作品，最後確實也得到了財富與盛名。

藝術家必須有自己明確的藝術生涯方向，要原創？還是市

場？其實只要清楚知道自己所需就行了。若選擇了原創，就莫忘初衷，且不能期待作品還要兼具銷售佳績。

　　最不好的情況，是藝術家把原創與市場混為一談，且處於不明不白的狀態下。最終可能兩者無法完全兼顧，還可能失去創作的熱情。

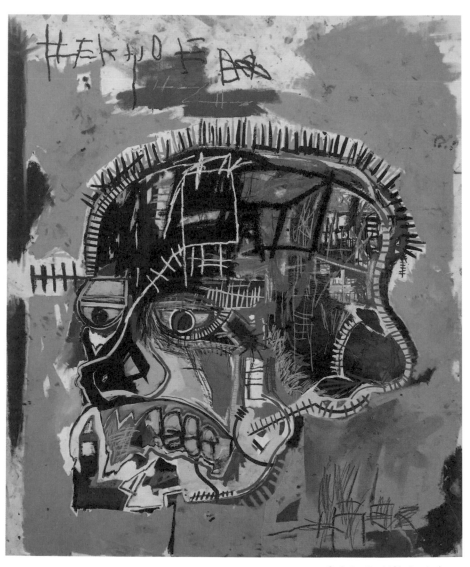

尚 - 米榭 · 巴斯奇亞 Jean-Michel Basquiat，
是 20 世紀眾多藝術家中，深受東亞年輕藏家喜愛的其中一位。

藝廊的藝術家怎麼來的？

一些新成立的藝廊，本身若沒有足夠的藏家數量，
在策展時會找有人脈的藝術家參展。

藝廊的代理藝術家大概是這樣挑選出來的：

有錢的藝術家

愈來愈多新一代的藝術創作者，來自富裕的家庭。若他們的家人是百大富豪或上市公司的老闆，藝廊通常會感到興趣，可以帶來人脈，因此很容易成為藝廊代理的藝術家之一。此時，作品可能就不是唯一考量了。

而有些創作者本身就是大老闆，這樣的身分，也很容易找到願意合作的藝廊。

尤其是大老闆的家族及朋友們，多數尚未購藏藝術品的話，如此更是誘人，正所謂的：「口袋還很深」。

有藏家的藝術家

藝術家本身擁有相當多的藏家，這樣的藝術家最受藝廊喜歡，因為展覽時可以不用動用到藝廊自己的藏家，而藝術家自己就會帶藏家來買作品了，銷售不費吹灰之力，且立即得到一群藏家資源。

　　因此，一些新成立的藝廊，本身若沒有足夠的藏家數量，有的一開始在策畫展覽時，會找有人脈的藝術家，經過幾位這樣的藝術家展覽，就能為藝廊迅速累積藏家。然而，藝廊與這一類藝術家合作時，姿態必須放低，拿出誠意，作品銷售後的拆帳，藝術家絕對是得到較多的比例。

名人藝術家

　　常有名人跨足藝術創作，藝廊也會感興趣想要代理他們作品，以提升藝廊的能見度，而且名人也會帶來更多的粉絲人脈。

有學術界人脈的藝術家

　　若一位藝術家與各大美術館館長交情很好，同時也擁有重量級藝評家與策展人的資源，藝廊也會想要代理，因為可以得到上述資源，讓自己也能在學術界找到一些利多連結。

作品具市場性的藝術家

　　對市場嗅覺敏銳的藝廊，能夠知道買氣會聚集於哪些風格

類型的作品。他們代理的全部藝術家，若符合市場需求，就能賺很多錢，但形象就會差了些（純商業性）。

重視觀感形象的藝廊，會採取「中間路線」，同時擁有市場性與學術性的藝術家。

若只代理學術性藝術家的藝廊，就會比較辛苦，以過去華人市場案例，幾乎最後都以歇業劃下句點。

收藏家的藝術家

一些藏家也有自己發掘或長期贊助的藝術家，他們也會主動推薦給藝廊，因為藝術家若要有長遠的發展計畫，是需要被經營的。

若藏家屬於「重量級」的人物，有些藝廊也會受理，推廣他們的藝術家。

藝術家是自己親人或朋友

藝廊老闆的親友，也會很熱心介紹藝術家，可能來自親戚的孩子，或朋友的朋友。

藝術家是美女

由於市場考量或其他因素，顏值好的女藝術家通常容易得到機會。

配合度高的藝術家

有的藝術家非常重視作品銷售成績，也有的難搞脾氣怪，而隨和的藝術家就容易被看見，合作過程也舒服。

藝廊老闆自己喜歡的風格

藝術是絕對主觀性，多數藝廊的負責人也是藝術收藏者，他們當然也有自己偏好的作品，代理的藝術家們就會是此類。

有未來性的藝術家

作品風格獨具、論述性高，即使不屬於目前市場的偏好，有的藝廊也會想要代理。

此外，少數資本特別雄厚的藝廊，不經營剛出道的藝術家，而是習慣去挖角那些銷售成績非常好，或目前在中小型藝廊有高度市場潛值的藝術家。

自我行銷能力佳的藝術家

有商業頭腦的藝術家，他們容易找到藝廊代理。就算沒有，他們靠著自己也能大富大貴。

評選出來的藝術家

專業藝廊有自己審查展覽機制，以作品為優先，錄取了就會聯絡藝術家，再由他們決定是否與該藝廊合作，這樣的單位就會給人清新與專業的形象。

藝術家的名氣出現後，
環境改變了，作品還能保有單純創作的初衷嗎？

成名時的作品，
沒有未成名時來得好

藝術家出道時的作品原創性通常較好，
沒有包袱可以天馬行空，任何表現都有可能。

　　這是成名的華人藝術家常為人詬病之處。

　　若藝術家的作品常出現在拍賣會，且有較高的成交價，往往是藝術家未成名時所創作的作品。因此，熟稔市場的人士，會特別關切每一位成名藝術家的「成名時間點」。即使藝術家成名前後風格相差不多，買家還是願意付出高價去取得成名前完成的作品，因為，當時的作品最為純粹，創作動機單純。至於成名後的作品，就算價格偏低，也只能吸引剛入市場的新手。

　　因此，華人藝術家出道時的作品原創性通常比較好，沒有包袱可以天馬行空，任何表現都有可能。但隨著自己進入市場時間愈久，作品反而愈來愈差，深度與原創不足，乃至於只能追求表面，甚至千篇一律少有變化。他們受到市場的無形干擾，還有花費太多心思於社交及行銷自己，而不是自己的創作本業。

　　藝術家不再進步，有許多原因，較常見的情況如下：

1. 沒有專業的經紀人

很多藝術家身兼經紀人的角色，經紀自己的作品，但能在兩端都扮演稱職角色的人極為少數，多數藝術家能把創作往上發展、達到劃時代的程度，已是可遇而不可求，更不用說還要打理行銷包裝，還得跟其他的經紀人競爭。尤其華人藝術市場不若歐美成熟及單純，我們的市場發展時間尚短，亂象橫生、投機性很重，這是單純的藝術家所無法理解的，且很容易受到牽制干擾。

21 世紀以來，華人經濟富足，越來越多孩子可選擇自己嚮往的科系，不必得選擇工程或金融專業，不用先思考未來的謀職問題。因此，每年都有相當數量的人從藝術管理、行政或策展等相關系所畢業，他們都可以是藝術家的經紀人。

一位創作者在工作室裡的時間不一定要長，但絕對需要聚精會神，這也需要體力。如此之下還不一定能有好的作品，更何況他們若把心思放在工作室外，創作變成「趕作業」，套用固定程式產出，只能以表面完整性來粉飾其內容的空洞。儘管

一般買家看不出來，但少數專業的人是知情的，只是通常不會公開講。

2. 無藝術批評的環境

華人地區少有「藝術批判」的氛圍，這不是指無厘頭的批評，而是應該從多方面去爭論與討論一場展覽或藝術家的作品。

在我們所屬的地區，一場展覽的展前或展後，在網路能找到的相關文字，幾乎都是單一調性，同一版本重複出現在各式平台上，沒有機會聽到不同角度的聲音。很多的展覽論述是花錢買的，隨著展覽新聞稿廣發出去，如此而已。反觀歐美地區的一場展覽，常可找到不同聲音，來自哲學、社會學或人類學角度，且人人都可以是藝術評論者，提出屬於自己的看法。許多的激盪都是創作的養分，未來才有更多創作的可能。即使是創作上看似不經意的微調，都可能是一個觀念的大改變，使作品達到高度的成就。

3. 自認大師

一位華人藝術家，周圍常繞著一群「呼喊大師」的人，若藝術家自己也這麼認為，那他們的原創可能就此止步，不再有更多的潛能了。「呼喊大師」的人，有些是藝術家的學生。因為不少畫家有教畫的習慣，尤其若能教到貴婦或董事長，每次展覽時的作品銷售就不用太擔心了。

藝術家過於自滿，就等於活在舒適圈裡，很難產生真正的創作。

西方的批判環境，可能會使創作者感到焦慮、挫折與不安，但在一體兩面下，反而促使他們被激發出源源不絕的創作潛能，達到藝術的高度成就，作品將留在歷史上。

第三世界的藝術家
大舉進入西歐、北美及華人市場，
會壓縮到本地藝術家嗎？

種族平權，
對藝術家好嗎？

種族平權，使華人畫商往所得較低的國家去尋找藝術家，
由於成本太低，嚴重壓縮了華人在地藝術家的市場。

1980 年代是種族平權的轉捩點，20 世紀的經濟霸主美國出現非裔巨星麥可‧傑克森（Michael Jackson），甚至風靡整個歐洲（白人國家）。他也帶頭關心非洲的飢貧，以《We Are The World》歌曲深入人心。人飢己飢，尤其對先進國家、金字塔頂端的人影響最多，心中沒有種族偏見才是高尚的紳士。美國擁有最多富豪白人，其中不少是公眾人物，他們對世界是有影響力的人。

日不落國亦然，英國曾是殖民大國，在 80 年代帶頭批判其他國家的種族隔離。大英國協中的不少國家仍是貧寒，英國女王多次造訪，引領英國白領階級慈悲為懷伸出援手，包括掌握政商資源的澳洲及南非白人。

雖然歐美先進國家部分百姓仍存有種族歧視，但他們無法左右藝術，尤其高價的藝術品直接與富豪劃上等號。富豪之中當然也有種族歧視者，只是他們的外在行為，必須表現出平等及文明。

▪ 種族平權，藝術家不再只是歐美人

1990 年代後，亞洲、中東、非洲及拉丁的藝術大舉進入歐美藝術殿堂，蔓延至畫廊、美術館、拍賣會及雙年展，在此之前幾乎只有歐美白人的作品。20 世紀出版的世界美術史書籍，幾乎都是歐洲藝術家和些許美國藝術家。

2000 年起，歐美一級市場的畫商，很喜歡非洲或其他仍處動盪國家的藝術家，因為他們國家的所得較低，一個月的工資僅不到 250 元美金（全世界約有 100 個國家皆如此，連基本的三餐都常是問題），畫商只需要花費 3,000 美金，就可能收購 40 歲以上成熟藝術家的全數作品，這筆錢對落後國家的人來說已是大數目（尤其是當地窮困的藝術家）。畫商只要在歐美大城市裡舉辦展覽，出版藝評及畫冊，稍微炒作，一幅畫就能以 3,000 美金來定價。成本極低，衝擊到歐美自己的白人藝術家，他們的市場變小了，競爭更激烈（削價）。

亞洲也是。種族平權，使畫商往所得較低的國家去尋找藝

術家（貨源），東南亞或南亞藝術家是熱門首選。印尼人口高達 2.7 億，國民所得低（當地華人收入較高，馬來人很低，因此常有排華事件）。藝術家的收入更少，因此作品進價接近零成本，但可在新加坡、香港、台北或上海以當地價格水平來出售。印尼、越南、菲律賓或印度的人口龐大，藝術家（貨源）也多，由於成本太低，嚴重壓縮了華人藝術家的市場。東南亞藝術家的作品在華人世界找到舞台，他們可以被治裝，出現在媒體及觀者面前。

種族平權，使得藝術品的貨源可以來自落後國家（貧），在先進國家銷售（富）。21 世紀，二級拍賣市場的作品破天價已是常態。這是近 30 年來的一個轉變與現象，值得我們去深思。社會變化與藝術發展息息相關，總是在不知不覺中持續演變。22 世紀出版的世界美術史書籍，載入的藝術家中，非白人的藝術家將占據相當多篇幅。

國家圖書館出版品預行編目資料

好藝術，誰說了算？/李博文著. -- 臺北市：三采文
化股份有限公司，2022.04　面；　公分. -- (創意
家；41)

ISBN 978-957-658-756-6(平裝)
1.CST: 藝術市場　2.CST: 藝術品　3.CST: 投資
489.7　　　　　　　　　　　111000135

suncolor
三采文化集團

創意家 41

好藝術，誰説了算？

作者｜李博文
編輯一部 總編輯｜郭玫禎　　編輯協力｜鄭雅芳
美術主編｜藍秀婷　　封面設計｜李蕙雲　　內頁排版｜周惠敏

發行人｜張輝明　　總編輯長｜曾雅青　　發行所｜三采文化股份有限公司
地址｜台北市內湖區瑞光路 513 巷 33 號 8 樓
傳訊｜ TEL:8797-1234　FAX:8797-1688　　網址｜ www.suncolor.com.tw
郵政劃撥｜ 帳號：14319060　戶名：三采文化股份有限公司
本版發行｜ 2022 年 4 月 15 日　定價｜ NT$450